XML 技术应用开发案例

徐宝林　欧阳习彪　蒋谨　颜慧　著

電子工業出版社
Publishing House of Electronics Industry
北京 · BEIJING

内 容 简 介

本书主要面向 XML 综合应用开发技术人员，重点关注基于三层软件架构的轻量级开发，全书以应用案例为载体，内容主要涉及 XML 与 HTML、XML 节点访问、动态调用 XSLT 文件格式化 XML 数据、动态调用 XSLT 模板格式化 XML 数据、XSLT 模板格式化 XML 数据且表格内嵌式交互排序、XML 文档数据格式创新设计、XSLT 文件格式化创新格式 XML 文档、XML 数据分页浏览设计、XMLHttpRequest 对象与 NodeJS 后台服务异步通信、轻量级三层软件架构实例、基于三层软件架构的 XML 数据分页浏览设计、基于表格内嵌式排序的 XML 数据分页浏览、基于 XPath 的标记数据选取、XML 节点精确查询、XML 节点模糊查询、添加 XML 节点、更新 XML 节点、删除 XML 节点。

全书始终贯彻“做中学、学中做”的理念，采用原创开发、典型独特、逻辑严密的案例，具有极强的综合性和应用性，适合广大 Web 应用开发技术人员学习，也适合应用技术大学进行教学参考。

图书在版编目（CIP）数据

XML 技术应用开发案例 / 徐宝林等著. -- 北京 : 电子工业出版社，2025. 7. -- ISBN 978-7-121-50733-5

Ⅰ. TP312

中国国家版本馆 CIP 数据核字第 2025K1P351 号

责任编辑：孟　宇
印　　刷：北京天宇星印刷厂
装　　订：北京天宇星印刷厂
出版发行：电子工业出版社
　　　　　北京市海淀区万寿路 173 信箱　　邮编：100036
开　　本：787×1092　1/16　印张：13　字数：301 千字
版　　次：2025 年 7 月第 1 版
印　　次：2025 年 7 月第 1 次印刷
定　　价：49.80 元

凡所购买电子工业出版社图书有缺损问题，请向购买书店调换。若书店售缺，请与本社发行部联系，联系及邮购电话：（010）88254888，88258888。

质量投诉请发邮件至 zlts@phei.com.cn，盗版侵权举报请发邮件至 dbqq@phei.com.cn。

本书咨询联系方式：mengyu@phei.com.cn。

PREFACE 前　言

随着信息技术的飞速发展，XML（可扩展标记语言）作为一种灵活的数据存储和传输格式，逐渐成为 Web 应用开发中的重要技术之一。XML 不仅能够有效地描述和存储结构化数据，还可以通过 XSLT、XPath 等技术实现数据的转换、查询和展示。尤其是在轻量级的三层软件架构开发中，XML 技术的应用为前后端数据交互、数据格式转换及数据维护提供了强大的支持。

本书旨在通过一系列实际案例，帮助读者深入理解 XML 技术的应用，特别是在基于三层软件架构的轻量级开发中的应用。全书始终贯彻“做中学、学中做”的理念，通过原创开发的典型案例逐步引导读者掌握 XML 技术的核心知识和应用技巧。

本书特色

案例驱动：本书以实际应用案例为载体，涵盖了从 XML 基础操作到复杂的三层软件架构开发的多个方面。每个案例都经过精心设计，逻辑严密，具有极强的综合性和应用性。

三层软件架构：全书贯穿三层软件架构的开发思想，重点关注表示层、业务逻辑层和数据层的分离与协作，帮助读者掌握轻量级开发的核心理念。

技术全面：本书内容涵盖了 XML 与 HTML 的对比、XSLT 格式化 XML、基于 NodeJS 的前后端通信、XML 文档的创新设计、XML 数据的增删改查操作等，适合不同层次的开发人员学习和参考。

实践性强：每个章节都配有详细的代码实现和效果展示，读者可以通过仿真实训巩固所学知识，真正做到学以致用。

适合读者

本书主要面向以下几类读者。

高校师生：将本书作为计算机相关专业的教材或教学参考书，帮助学生掌握 XML 技术的实际应用。

Web 应用开发技术人员：希望通过 XML 技术提升开发效率和应用性能的开发者。

自学开发者：希望通过实际案例快速掌握 XML 技术的自学者。

内容安排

本书分为 18 章，内容由浅入深，逐步引导读者掌握 XML 技术的各个方面。

第 1 章　XML 与 HTML：介绍 XML 与 HTML 的区别，并通过案例展示如何动态读取和解析 XML 与 HTML 文档。

第 2 章 XML 节点访问：介绍如何通过 DOM 模型访问 XML 节点，并获取节点的属性信息。

第 3 章 动态调用 XSLT 文件格式化 XML 数据：通过 XSLT 文件实现 XML 数据的格式化输出，并支持排序功能。

第 4 章 动态调用 XSLT 模板格式化 XML 数据：介绍如何通过动态调用 XSLT 模板实现 XML 数据的格式化输出。

第 5 章 XSLT 模板格式化 XML 数据且表格内嵌式交互排序：在表格中内嵌排序功能，实现 XML 数据的动态排序展示。

第 6 章 XML 文档数据格式创新设计：介绍如何通过创新设计 XML 文档格式，简化数据处理和展示。

第 7 章 XSLT 文件格式化创新格式 XML 文档：介绍如何通过 XSLT 文件格式化创新设计的 XML 文档，实现数据的表格化展示。

第 8 章 XML 数据分页浏览设计：实现 XML 数据的分页浏览功能，支持自定义页面大小和翻页操作。

第 9 章 XMLHttpRequest 对象与 NodeJS 后台服务异步通信：通过 XMLHttpRequest 对象与 NodeJS 后台服务进行异步通信，实现前后端的数据交互。

第 10 章 轻量级三层软件架构实例：通过一个完整的案例，展示如何基于三层软件架构开发 XML 应用。

第 11 章 基于三层软件架构的 XML 数据分页浏览设计：在三层软件架构的基础上，实现 XML 数据的分页浏览功能。

第 12 章 基于表格内嵌式排序的 XML 数据分页浏览：在分页浏览的基础上，增加表格内嵌式排序功能。

第 13 章 基于 XPath 的标记数据选取：通过 XPath 技术实现 XML 数据的精确选取和展示。

第 14 章 XML 节点精确查询：基于 XPath 技术实现 XML 数据的精确查询。

第 15 章 XML 节点模糊查询：通过 XPath 技术实现 XML 数据的模糊查询。

第 16 章 添加 XML 节点：介绍如何通过 DOM 模型在 XML 文档中添加节点。

第 17 章 更新 XML 节点：介绍如何通过 DOM 模型在 XML 文档中更新节点。

第 18 章 删除 XML 节点：介绍如何通过 DOM 模型在 XML 文档中删除节点。

致谢

在本书的写作过程中，作者得到了欧阳习彪和蒋谨两位同事的帮助与支持，特别感谢他们在案例设计上的建议。同时，感谢出版社的编辑团队为本书的出版付出的辛勤努力。

反馈与建议

由于作者水平有限，书中难免存在不足之处，恳请广大读者批评指正。如果您对本书有任何意见或建议，欢迎通过出版社或作者的邮箱与作者联系。

徐宝林
2025 年 2 月

CONTENTS 目录

01 第1章 XML与HTML

1.1 设计需求

给定如下 XML 文档：

```xml
<?xml version="1.0" encoding="utf-8"?>
<books category="IT">
    <book>
        <ISBN>8475484848</ISBN>
        <title>XML 技术</title>
        <price>80</price>
    </book>
    <book>
        <ISBN>35235348</ISBN>
        <title>Python programming</title>
        <price>65</price>
    </book>
    <book>
        <ISBN>67676348</ISBN>
        <title>Java development</title>
        <price>76</price>
    </book>
    <book>
        <ISBN>27974348</ISBN>
        <title>NodeJS development</title>
        <price>90</price>
    </book>
</books>
```

给定如下 HTML 文档：

```
<table border="1">
    <tr style="background-color:greenyellow">
        <td>8475484848</td>
        <td>XML 技术</td>
        <td>80</td>
    </tr>
    <tr>
        <td>35235348</td>
        <td>Python programming</td>
        <td>65</td>
    </tr>
    <tr>
        <td>67676348</td>
        <td>Java development</td>
        <td>76</td>
    </tr>
    <tr>
        <td>27974348</td>
        <td>NodeJS development</td>
        <td>90</td>
    </tr>
</table>
```

提出如下设计需求：

（1）用户可以动态读取以上文档并以文本形式呈现在用户界面中。

（2）浏览器解析以上 XML 文档并呈现结果。

（3）浏览器解析以上 HTML 文档并呈现结果。

1.2 设计分析

1.2.1 功能分析

测试用户期望功能如下：

（1）测试用户读取 XML 文档并以文本形式呈现。

（2）测试用户通过浏览器解析当前 XML 格式文本。

（3）测试用户读取 HTML 文档并以文本形式呈现。

（4）测试用户通过浏览器解析当前 HTML 格式文本。

测试用户用例建模如图 1.1 所示。

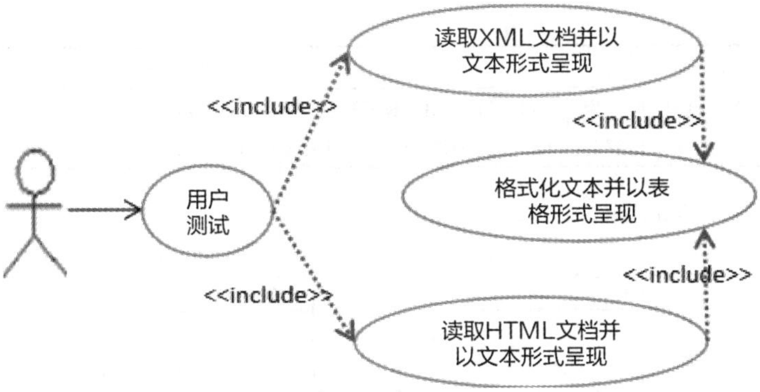

图 1.1　测试用户用例建模

1.2.2　核心业务数据流分析

核心业务流程描述如下：

（1）文件处理框架读取 XML 源文件或 HTML 源文件并生成文本可视数据。

（2）浏览器解析文本可视数据并输出格式化可视数据（如表格形式）。

核心业务数据流建模如图 1.2 所示。

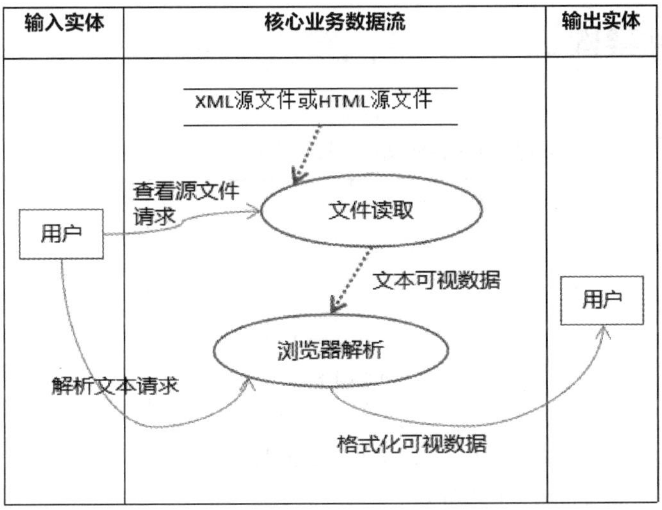

图 1.2　核心业务数据流建模

1.2.3　包及文件设计分析

基于分层架构视角的包及文件设计如表 1.1 所示。

表 1.1　包及文件设计

序号	包设计	文件设计
1	设计表示层包（包名为 UI），相当于表示层文件容器	（1）设计用户界面主页文件 main.html。 （2）主页引入 jQuery 框架（jquery-1.11.1.js），辅助表示层处理，也可以读取测试文件

续表

序号	包设计	文件设计
2	设计数据层包（包名为data），相当于数据层文件容器	（1）设计 XML 数据测试文件 books.xml。 （2）设计 HTML 数据测试文件 books.html

包及文件关系建模如图 1.3 所示。

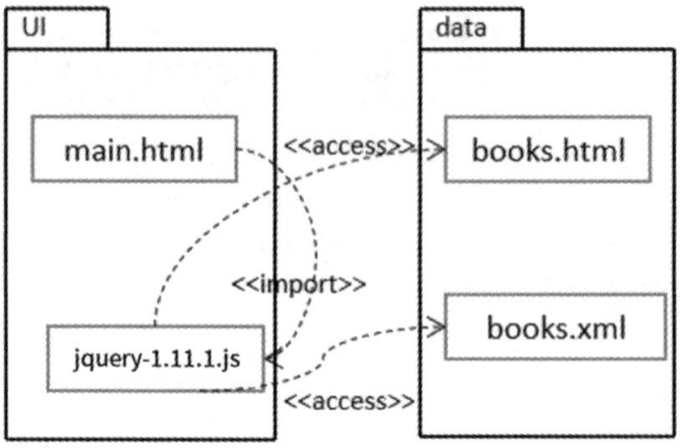

图 1.3　包及文件关系建模

1.3　文件架构

基于以上分析，本案例的文件架构如图 1.4 所示。

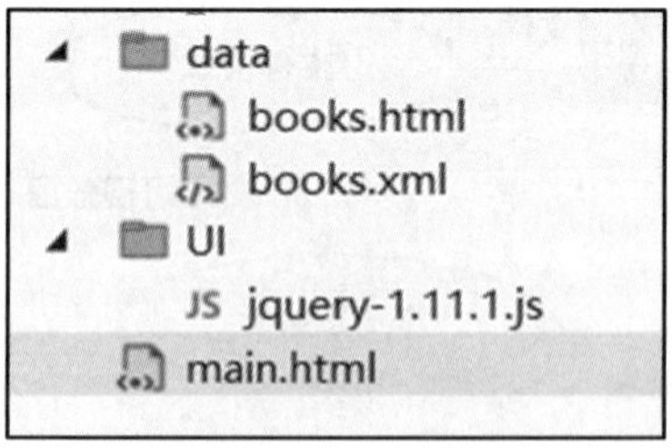

图 1.4　文件架构

文件（夹）功能说明如表 1.2 所示。

表 1.2　文件（夹）功能说明

序号	文件（夹）名	功能说明
1	books.xml	存放用于测试的 XML 基础数据
2	books.html	存放用于测试的 HTML 基础数据
3	jquery-1.11.1.js	加载 jQuery 函数库，辅助数据进行可视化处理及读取用于测试的基础数据
4	main.html	实现人机交互的用户界面主页
5	UI	存放界面处理逻辑文件
6	data	存放数据文件

说明：在实际应用中，考虑到$.get()函数不能跳出当前文件夹读取文件，所以暂时将主页文件存放在 UI 文件夹外围。

1.4 代码实现

1.4.1 主页实现

主页文件 main.html 实现代码如下：

```
<!DOCTYPE html>
<html lang="en" xmlns="http://www.w3.org/1999/xhtml">
<head>
    <meta charset="utf-8" />
    <title></title>
</head>
<body>
    <h2>XML与HTML比较测试</h2>
    <hr />
    <input type="button" value="查看XML文档" onclick="view_XMLcode()" />
    <input type="button" value="查看HTML文档" onclick="view_HTMLcode()" />
    <hr />
    <textarea id="code_text" style="width:500px;height:300px">
       在这里加载XML或HTML文档
    </textarea>
    <br />
    <input type="button" value="浏览器解析当前文档" onclick="IE_Parse_code()" />
    <hr />
    <div id="out_result">
    </div>
</body>
</html>
<script type="text/javascript" src="./UI/jquery-1.11.1.js"></script>
<script type="text/javascript">
    var tag;
    function view_XMLcode() {
        $.get("./data/books.xml", function (data) {
            $("#code_text").text(data);
            tag = "XML"
        }, "text");
    }
    function view_HTMLcode() {
        $.get("./data/books.html", function (data) {
            $("#code_text").text(data);
```

```
                tag = "HTML";
            }, "text");
        }
        function IE_Parse_code() {
            if (tag == "XML") {
                $("#out_result").html('<iframe     width="300"     height="200"
src="./data/books.xml"></iframe>');
            }
            else  {  $("#out_result").html('<iframe  width="300"  height="200"
src="./data/books.html"></iframe>'); }
        }
    </script>
```

1.4.2 实现效果

加载 XML 文档，如图 1.5 所示。

图 1.5　加载 XML 文档

加载 HTML 文档，如图 1.6 所示。

浏览器解析 XML 文档，如图 1.7 所示。

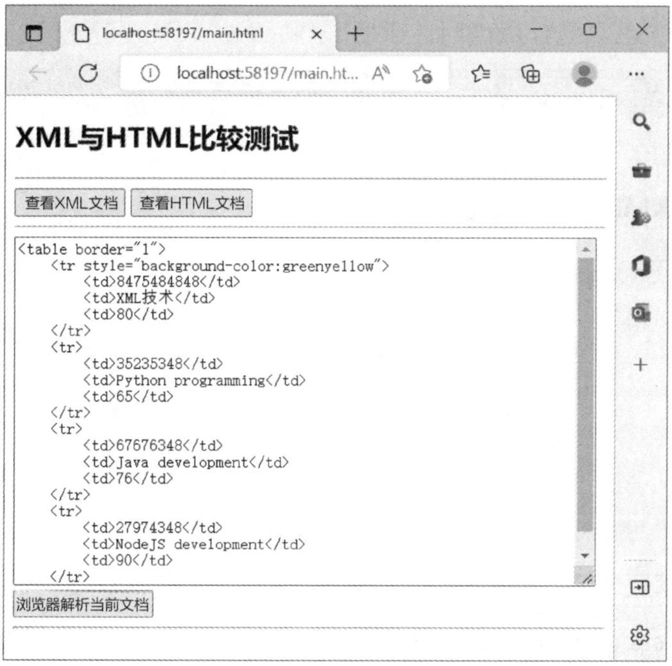

图 1.6　加载 HTML 文档

图 1.7　浏览器解析 XML 文档

浏览器解析 HTML 文档，如图 1.8 所示。

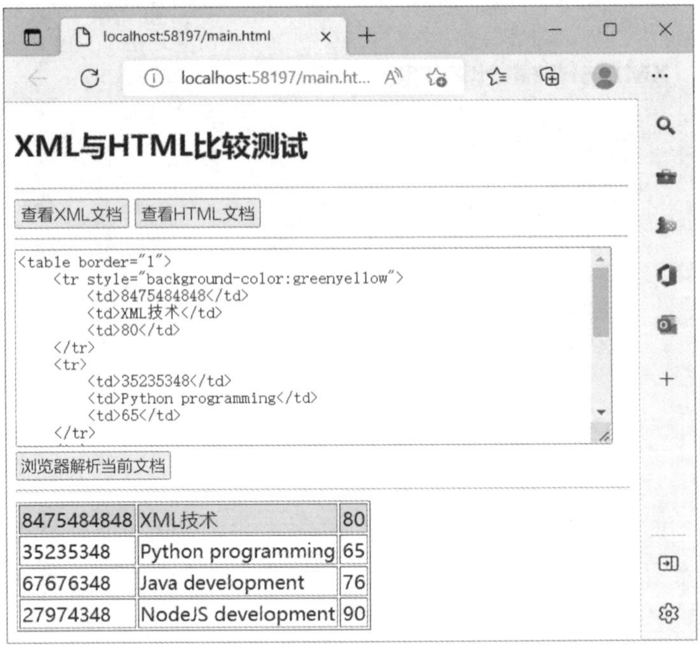

图 1.8　浏览器解析 HTML 文档

1.5　问题思考

问题提出：XML 与 HTML 的主要区别是什么？

问题思考：

通过以上实例演示，可以发现 XML 与 HTML 的主要区别如表 1.3 所示。

表 1.3　XML 与 HTML 的主要区别

序号	观测维度	主要区别
1	浏览器对标记的解析	浏览器可解析 HTML 标记；浏览器不可解析 XML 自定义标记
2	浏览器对属性的解析	浏览器可解析 HTML 属性；浏览器不可解析 XML 自定义属性
3	浏览器对文本的解析	对标记内部的文本均可解析；浏览器不可解析 XML 自定义属性值对应的文本
4	设计目标	XML 只关注数据，不关注样式，是标记与数据的混合体，无须关注数据基于浏览器的呈现效果；HTML 既关注数据，又关注样式，是标记、数据及样式的混合体，关注数据基于浏览器的呈现效果

1.6　仿真实训

给定如下 XML 文档：

```
<?xml version="1.0" encoding="utf-8"?>
<students>
    <student category="new_student">
        <s_id>8475484848</s_id>
        <s_name>Max</s_name>
        <age>18</age>
    </student>
    <student>
        <s_id>35235348</s_id>
        <s_name>Jack</s_name>
        <age>20</age>
    </student>
    <student>
        <s_id>67676348</s_id>
        <s_name>Json</s_name>
        <age>21</age>
    </student>
    <student>
        <s_id>27974348</s_id>
        <s_name>Rose</s_name>
        <age>19</age>
    </student>
    </students>
```

给定如下 HTML 文档：

```
<table>
    <tr category="new_student">
        <td>8475484848</td>
        <td>Max</td>
        <td>18</td>
    </tr>
    <tr>
        <td>35235348</td>
        <td>Jack</td>
        <td>20</td>
    </tr>
    <tr>
        <td>67676348</td>
        <td>Json</td>
        <td>21</td>
    </tr>
    <tr>
        <td>27974348</td>
        <td>Rose</td>
        <td>19</td>
```

```
    </tr>
</table>
```

提出如下设计需求：

（1）用户可动态读取以上文档并以文本形式呈现在用户界面中。

（2）浏览器解析以上 XML 文档并呈现结果。

（3）浏览器解析以上 HTML 文档并呈现结果。

（4）仿真本章案例功能，实现以上设计。

02 第 2 章 XML 节点访问

2.1 设计需求

给定如下 XML 文档：

```
<?xml version="1.0" encoding="utf-8"?>
<books>
    <head>some books</head>
    <book category="web_front-end" test="1">
        <ISBN>8475484848</ISBN>
        <title>XML 技术</title>
        <price>80</price>
    </book>
    <book>
        <ISBN>35235348</ISBN>
        <title>Python programming</title>
        <price>65</price>
    </book>
    <book>
        <ISBN>67676348</ISBN>
        <title>Java development</title>
        <price>76</price>
    </book>
    <book>
        <ISBN>27974348</ISBN>
        <title>NodeJS development</title>
        <price>90</price>
    </book>
</books>
```

提出如下设计需求：

（1）访问根节点的属性（outerHTML、innerHTML、nodeName、nodeValue、nodeType、textContent）。

（2）访问标记名为 book 的第 1 个元素节点的属性（nodeName、nodeValue、nodeType、textContent）。

（3）访问根节点内部第 1 个文本节点的属性（nodeName、nodeValue、nodeType、textContent）。

（4）访问根节点内部第 1 个属性节点的属性（nodeName、nodeValue、nodeType、textContent）。

（5）用户从下拉列表中选择表达式，表达式列表中包含实现以上访问的指令。

（6）设计效果见 106.75.145.231/XML_FC/2/main.html 文件。

2.2 设计分析

2.2.1 功能分析

测试用户期望功能如下：

（1）访问根节点的指定属性。

（2）访问标记名为 book 的第 1 个元素节点的指定属性。

（3）访问根节点内部第 1 个文本节点的指定属性。

（4）访问根节点内部第 1 个属性节点的指定属性。

（5）选择下拉列表中的指令选项，实现以上访问。

测试用户用例建模如图 2.1 所示。

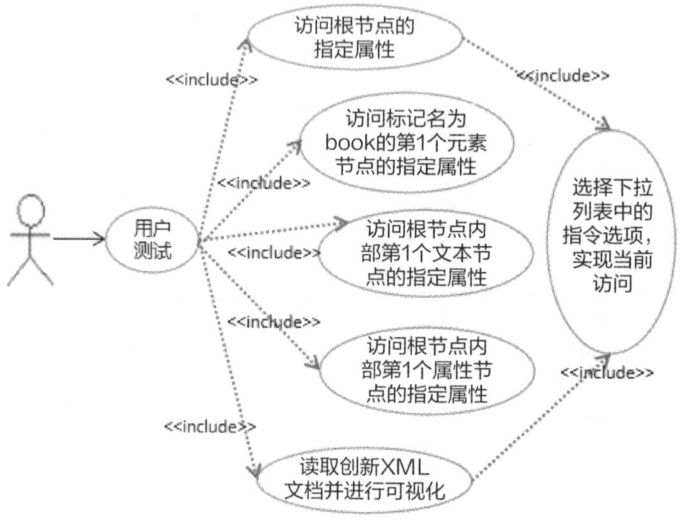

图 2.1　测试用户用例建模

2.2.2　核心业务数据流分析

核心业务流程描述如下：

（1）文件处理框架读取 XML 源文件并生成文本可视数据。

（2）浏览器解析节点访问指令并输出格式化结果。

核心业务数据流建模如图 2.2 所示。

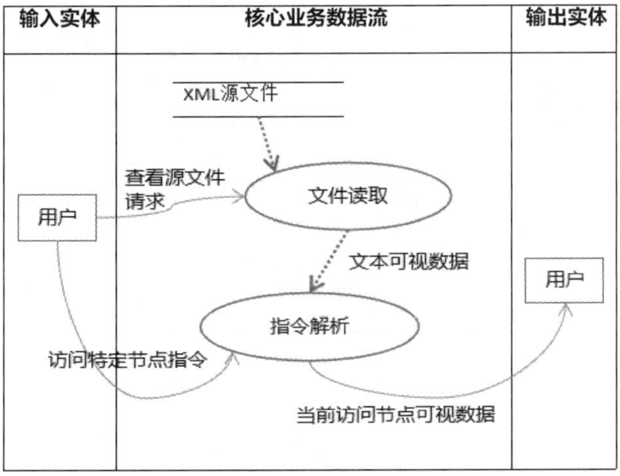

图 2.2　核心业务数据流建模

2.2.3　包及文件设计分析

基于分层架构视角的包及文件设计如表 2.1 所示。

表 2.1　包及文件设计

序号	包设计	文件设计
1	设计表示层包（包名为 UI），相当于表示层文件容器	（1）设计用户界面主页文件 main.html。 （2）主页引入 jQuery 框架（jquery-1.11.1.js），辅助表示层处理，也可以读取测试文件
2	设计数据层包（包名为 data），相当于数据层文件容器	设计 XML 数据测试文件 books.xml

包及文件关系建模如图 2.3 所示。

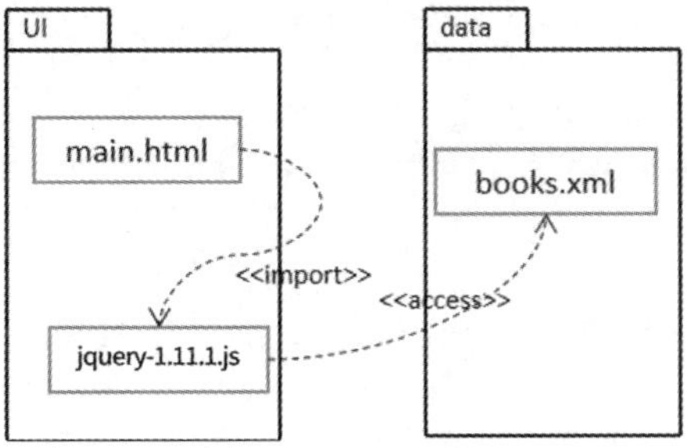

图 2.3　包及文件关系建模

2.3 文件架构

基于以上分析，本案例的文件架构如图 2.4 所示。

文件（夹）功能说明如表 2.2 所示。

图 2.4 文件架构

表 2.2 文件（夹）功能说明

序号	文件（夹）名	功能说明
1	books.xml	存放用于测试的 XML 基础数据
2	jquery-1.11.1.js	加载 jQuery 函数库，辅助数据进行可视化处理及读取用于测试的基础数据
3	main.html	实现人机交互的用户界面主页
4	UI	存放界面处理逻辑文件
5	data	存放数据文件

说明：在实际应用中，考虑到$.get()函数不能跳出当前文件夹读取文件，所以暂时将主页文件存放在 UI 文件夹外围。

2.4 代码实现

2.4.1 主页实现

主页文件 main.html 实现代码如下：

```
<!DOCTYPE html>
<html lang="en" xmlns="http://www.w3.org/1999/xhtml">
<head>
    <meta charset="utf-8" />
    <title></title>

</head>
<body>
    <h2>访问 XMLDom 测试</h2>
    <hr />
    <span style="font-weight:600">XML 文档文本数据：</span>
        <br />
        <textarea id="XMLtext" style="width:500px;height:300px;color:blue">
</textarea>
        <hr />
        <span style="font-weight:600">访问节点指令选项</span>
        <br />
            <select disabled="disabled" id="instru_sele"
onchange="access_node()">
```

```
                <option>清空结果</option>
                <option>xmldom.documentElement.outerHTML</option>
                <option>xmldom.documentElement.innerHTML</option>
                <option>xmldom.documentElement.nodeName</option>
                <option>xmldom.documentElement.nodeValue</option>
                <option>xmldom.documentElement.nodeType</option>
                <option>xmldom.documentElement.textContent</option>

                <option>xmldom.getElementsByTagName("head")[0].childNodes[0].
nodeName</option>
                <option>xmldom.getElementsByTagName("head")[0].childNodes[0].
nodeValue</option>
                <option>xmldom.getElementsByTagName("head")[0].childNodes[0].
nodeType</option>
                <option>xmldom.getElementsByTagName("head")[0].childNodes[0].
textContent</option>

                <option>xmldom.getElementsByTagName("book")[0].nodeName
</option>
                <option>xmldom.getElementsByTagName("book")[0].nodeValue
</option>
                <option>xmldom.getElementsByTagName("book")[0].nodeType
</option>
                <option>xmldom.getElementsByTagName("book")[0].textContent
</option>

                <option>xmldom.getElementsByTagName("book")[0].
getAttributeNode("category").nodeName</option>
                <option>xmldom.getElementsByTagName("book")[0].
getAttributeNode("category").nodeValue</option>
                <option>xmldom.getElementsByTagName("book")[0].
getAttributeNode("category").nodeType</option>
                <option>xmldom.getElementsByTagName("book")[0].
getAttributeNode("category").textContent</option>

            </select>
            <hr />
            <span style="font-weight:600">访问结果：</span><br />
            <textarea id="result" style="width:500px;height:100px;color:red">
</textarea>
    </body>
    </html>
    <script type="text/javascript" src="./UI/jquery-1.11.1.js"></script>
    <script type="text/javascript">
        //初始化
        var xmldom;
```

```
    $.get("./data/books.xml", function (data) {
        xmldom = $.parseXML(data);
        $("#XMLtext").text(data);
        $("#instru_sele").attr("disabled",false);
    }, "text");
    //访问节点
    function access_node() {
        var instruc = $("#instru_sele option:selected").text();
        if (instruc =="清空结果") { $("#result").text(""); }
        else { $("#result").text(eval(instruc)); }
    }
</script>
```

2.4.2 实现效果

访问根节点的 outerHTML 属性，如图 2.5 所示。

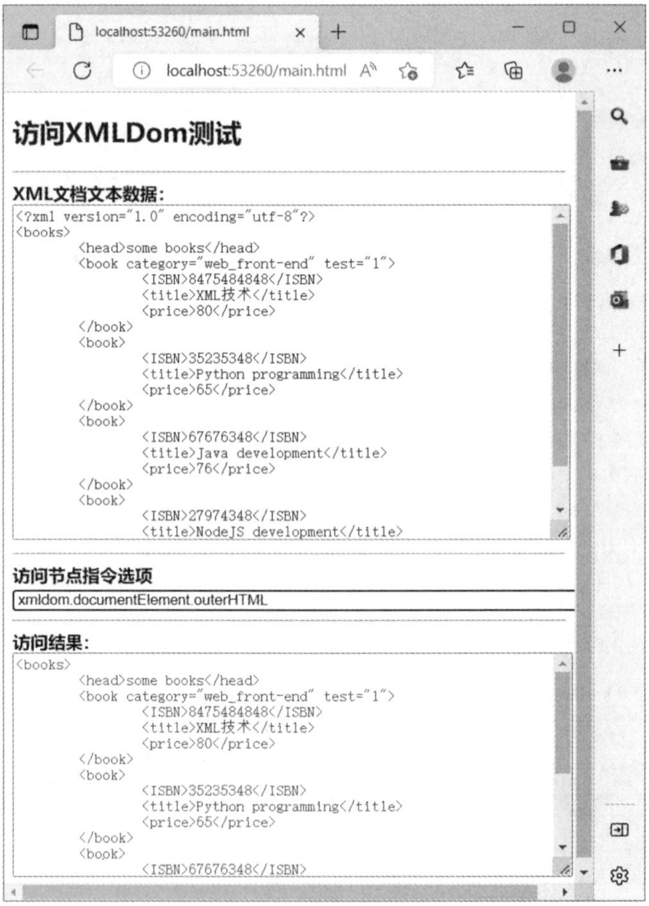

图 2.5　访问根节点示例

访问第 1 个文本节点的 nodeName 属性，如图 2.6 所示。

访问第 1 个属性节点的 nodeValue 属性，如图 2.7 所示。

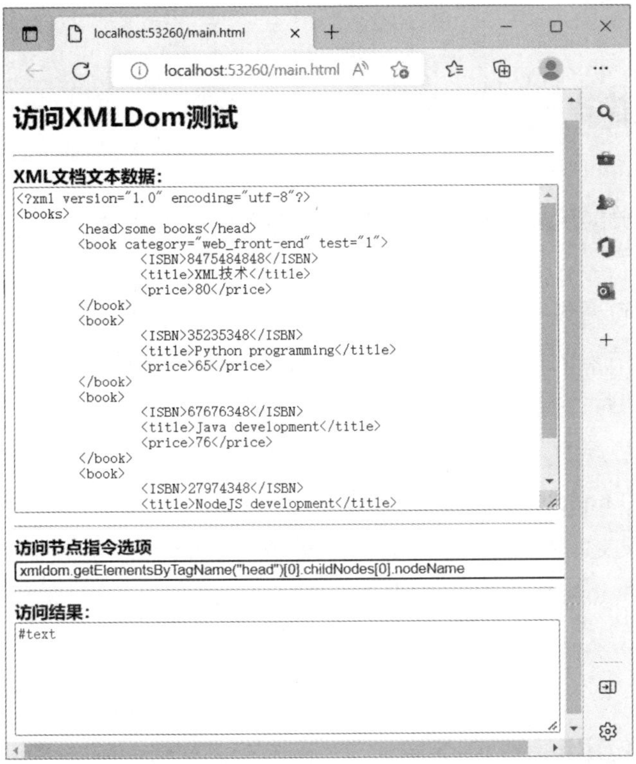

图 2.6　访问文本节点示例

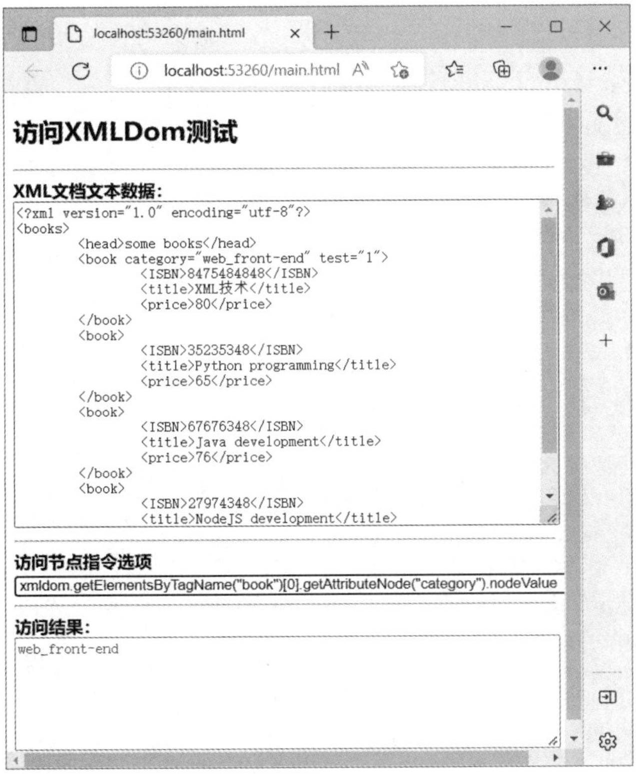

图 2.7　访问属性节点示例

2.5 问题思考

问题提出：基于本章案例演示，XML 文档存储结构的主要特点是什么？

问题思考：

（1）XML 文档可通过一定的加载方式形成树形存储结构。

（2）XML 文档节点的访问类似于 HTML 文档节点的访问。

（3）XML 文档节点可分为元素节点、文本节点、属性节点。

（4）XML 文档节点均具有可访问属性：nodeName、nodeValue、nodeType、textContent。

（5）元素节点的 nodeValue 属性值为 null。

（6）属性节点、文本节点的 nodeValue 属性值与 textContent 属性值一致。

（7）元素节点的 nodeType 属性值为 1、属性节点的 nodeType 属性值为 2、文本节点的 nodeType 属性值为 3。

2.6 仿真实训

给定如下 XML 文档：

```
<?xml version="1.0" encoding="utf-8"?>
<students>
    <head>some students</head>
    <student category="new_student">
        <s_id>8475484848</s_id>
        <s_name>Max</s_name>
        <age>18</age>
    </student>
    <student>
        <s_id>35235348</s_id>
        <s_name>Jack</s_name>
        <age>20</age>
    </student>
    <student>
        <s_id>67676348</s_id>
        <s_name>Json</s_name>
        <age>21</age>
    </student>
    <student>
        <s_id>27974348</s_id>
```

```
        <s_name>Rose</s_name>
        <age>19</age>
    </student>
</students>
```

提出如下设计需求：

（1）访问根节点的属性（outerHTML、innerHTML、nodeName、nodeValue、nodeType、textContent）。

（2）访问标记名为student的第1个元素节点的属性（nodeName、nodeValue、nodeType、textContent）。

（3）访问根节点内部第1个文本节点的属性（nodeName、nodeValue、nodeType、textContent）。

（4）访问根节点内部第1个属性节点的属性（nodeName、nodeValue、nodeType、textContent）。

（5）仿真本章案例功能，实现以上设计。

03 第 3 章 动态调用 XSLT 文件格式化 XML 数据

3.1 设计需求

给定如下 XML 文档：

```
<?xml version="1.0" encoding="utf-8"?>
<books>
    <book>
        <ISBN>8475484848</ISBN>
        <title>XML 技术</title>
        <price>80</price>
    </book>
    <book>
        <ISBN>35235348</ISBN>
        <title>Python programming</title>
        <price>65</price>
    </book>
    <book>
        <ISBN>67676348</ISBN>
        <title>Java development</title>
        <price>76</price>
    </book>
    <book>
        <ISBN>27974348</ISBN>
        <title>NodeJS development</title>
        <price>90</price>
```

```
    </book>
    </books>
```

提出如下设计需求：

（1）设计合适的 XSLT 文件并格式化以上 XML 数据，实现基于 Web 的表格化数据输出。

（2）设计合适的 XSLT 文件并格式化以上 XML 数据，实现按价格降序输出图书信息。

（3）设计合适的 XSLT 文件并格式化以上 XML 数据，实现按价格升序输出图书信息。

3.2　设计分析

3.2.1　功能分析

测试用户期望功能如下：

（1）以非排序方式查看 XML 格式化（表格形式）数据。

（2）以降序方式查看 XML 格式化（表格形式）数据。

（3）以升序方式查看 XML 格式化（表格形式）数据。

测试用户用例建模如图 3.1 所示。

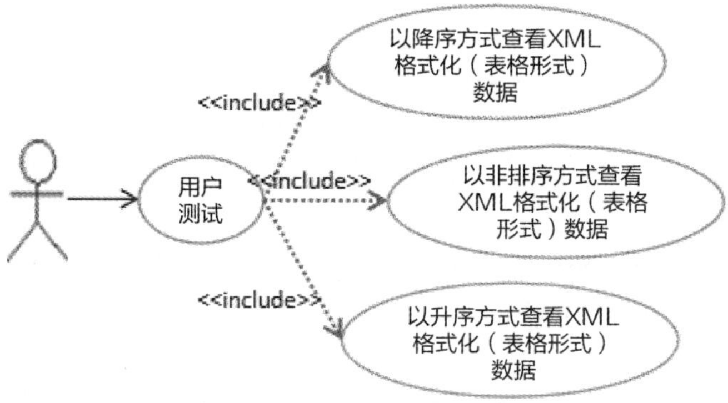

图 3.1　测试用户用例建模

3.2.2　核心业务数据流分析

核心业务流程描述如下：

（1）文件处理框架读取 XML 源文件或 XSLT 源文件并生成文档对象。

（2）对象绑定模块将 XML 文档对象与 XSLT 文档对象绑定并输出格式化结果。

核心业务数据流建模如图 3.2 所示。

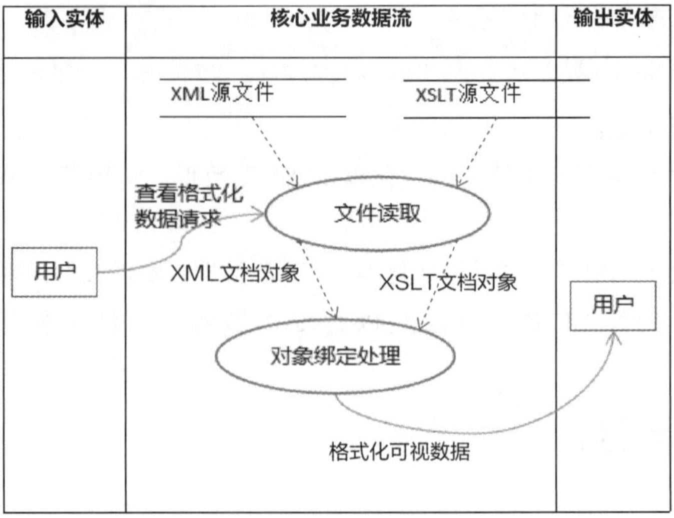

图 3.2　核心业务数据流建模

3.2.3　包及文件设计分析

基于分层架构视角的包及文件设计如表 3.1 所示。

表 3.1　包及文件设计

序号	包设计	文件设计
1	设计表示层包（包名为 UI），相当于表示层文件容器	（1）设计用户界面主页文件 main.html。 （2）设计非排序 XSLT 文件 X1.xslt。 （3）设计降序 XSLT 文件 X2.xslt。 （4）设计升序 XSLT 文件 X3.xslt。 （5）设计自定义 JavaScript 框架文件 XSLT.js，包含格式化 XML 逻辑
2	设计数据层包（包名为 data），相当于数据层文件容器	设计 XML 数据测试文件 books.xml

包及文件关系建模如图 3.3 所示。

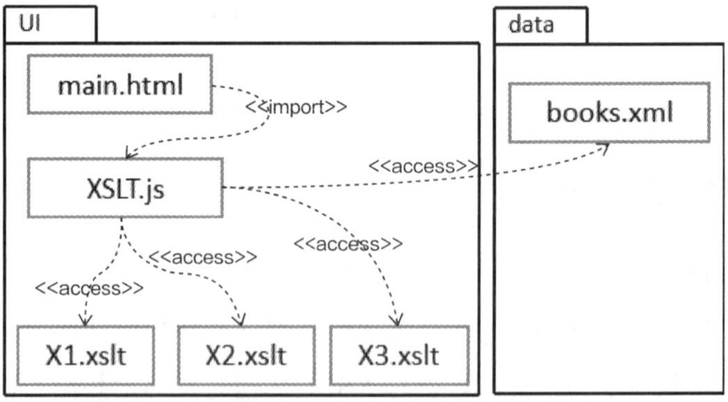

图 3.3　包及文件关系建模

3.3　文件架构

基于以上分析，本案例的文件架构如图 3.4 所示。

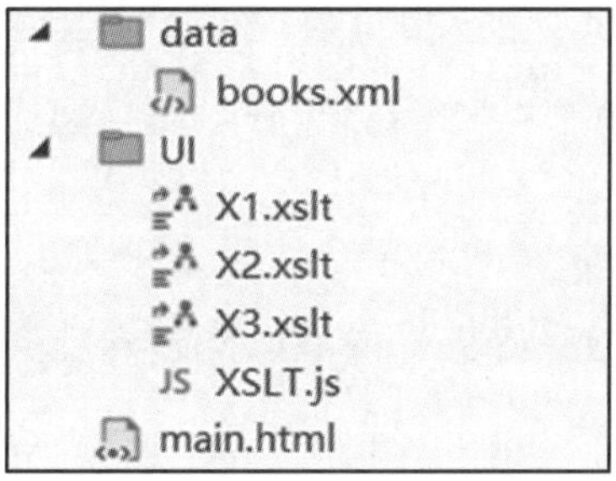

图 3.4　文件架构

文件（夹）功能说明如表 3.2 所示。

表 3.2　文件（夹）功能说明

序号	文件（夹）名	功能说明
1	books.xml	存放用于测试的 XML 基础数据
2	main.html	实现人机交互的用户界面主页
3	XSLT.js	自定义框架，可实现将 XSLT 文档对象与 XML 文档对象绑定并输出格式化数据的功能
4	X1.xslt	格式化 XML 数据的 XSLT 文件，按原始数据顺序输出图书信息
5	X2.xslt	格式化 XML 数据的 XSLT 文件，按价格降序输出图书信息
6	X3.xslt	格式化 XML 数据的 XSLT 文件，按价格升序输出图书信息
7	UI	存放界面处理逻辑文件
8	data	存放数据文件

说明：在实际应用中，考虑到$.get()函数不能跳出当前文件夹读取文件，所以暂时将主页文件存放在 UI 文件夹外围。

3.4　代码实现

3.4.1　主页实现

主页文件 main.html 实现代码如下：

```
<!DOCTYPE html>
<html>
<head>
</head>
<body>
    <h2>XSLT 文件格式化 XML 数据测试</h2>
```

```
        <hr />
        <input type="button" value="查看原始图书信息" onclick="displayXML
('./data/books.xml','./UI/X1.xslt','result_div')" />
        <input type="button" value="查看图书(按价格降序)" onclick="displayXML
('./data/books.xml','./UI/X2.xslt','result_div')" />
        <input type="button" value="查看图书(按价格升序)" onclick="displayXML
('./data/books.xml','./UI/X3.xslt','result_div')" />
        <hr />
        <div id="result_div">
        </div>
    </body>
    </html>
    <script type="text/javascript" src="./UI/XSLT.js"></script>
```

3.4.2 XSLT 文件代码

1. 非排序输出

X1.xslt 文件代码如下：

```
    <?xml version="1.0" encoding="utf-8"?>
    <xsl:stylesheet version="1.0"
    xmlns:xsl="http://www.w3.org/1999/XSL/Transform">

        <xsl:template match="/">
            <html>
                <body>
                    <h2>My books Collection</h2>
                    <table border="1">
                        <tr bgcolor="#9acd32">
                            <th>书号</th>
                            <th>书名</th>
                            <th>价格</th>
                        </tr>
                        <xsl:for-each select="books/book">
                            <tr>
                                <td>
                                    <xsl:value-of select="ISBN"/>
                                </td>
                                <td>
                                    <xsl:value-of select="title"/>
                                </td>
                                <td>
                                    <xsl:value-of select="price"/>
                                </td>
```

```
                </tr>
            </xsl:for-each>
        </table>
    </body>
</html>
</xsl:template>
</xsl:stylesheet>
```

2. 降序输出

X2.xslt 文件代码如下：

```
<?xml version="1.0" encoding="utf-8"?>
<xsl:stylesheet version="1.0"
xmlns:xsl="http://www.w3.org/1999/XSL/Transform">
    <xsl:template match="/">
        <html>
            <body>
                <h2>My books Collection</h2>
                <table border="1">
                    <tr bgcolor="#9acd32">
                        <th>书号</th>
                        <th>书名</th>
                        <th>价格</th>
                    </tr>
                    <xsl:for-each select="books/book">
                        <xsl:sort select="price" data-type="number" order=
"descending"/>
                        <tr>
                            <td>
                                <xsl:value-of select="ISBN"/>
                            </td>
                            <td>
                                <xsl:value-of select="title"/>
                            </td>
                            <td>
                                <xsl:value-of select="price"/>
                            </td>
                        </tr>
                    </xsl:for-each>
                </table>
            </body>
        </html>
    </xsl:template>
</xsl:stylesheet>
```

3. 升序输出

X3.xslt 文件代码如下：

```
<?xml version="1.0" encoding="utf-8"?>
<xsl:stylesheet version="1.0"
xmlns:xsl="http://www.w3.org/1999/XSL/Transform">
    <xsl:template match="/">
        <html>
            <body>
                <h2>My books Collection</h2>
                <table border="1">
                    <tr bgcolor="#9acd32">
                        <th>书号</th>
                        <th>书名</th>
                        <th>价格</th>
                    </tr>
                    <xsl:for-each select="books/book">
                        <xsl:sort select="price" data-type="number" order=
"ascending"/>
                        <tr>
                            <td>
                                <xsl:value-of select="ISBN"/>
                            </td>
                            <td>
                                <xsl:value-of select="title"/>
                            </td>
                            <td>
                                <xsl:value-of select="price"/>
                            </td>
                        </tr>
                    </xsl:for-each>
                </table>
            </body>
        </html>
    </xsl:template>
</xsl:stylesheet>
```

3.4.3 自定义框架 XSLT.js 文件代码

```
//JavaScript 源码
var xhttp;
function loadXMLDoc(filename) {

    if (window.ActiveXObject) {
        xhttp = new ActiveXObject("Msxml3.XMLHTTP");
    } else {
```

```
            xhttp = new XMLHttpRequest();
        }
        xhttp.open("GET", filename, false);
        xhttp.send();
        return xhttp.responseXML;
    }

    function displayXML(xmlFile, xsltFile, div_id) {
        xml = loadXMLDoc(xmlFile);
        xsl = loadXMLDoc(xsltFile);
        //针对 IE 浏览器的代码
        if (window.ActiveXObject) {
            ex = xml.transformNode(xsl);
            document.getElementById(div_id).innerHTML = "";
            document.getElementById(div_id).innerHTML = ex;
        }
        //针对 Chrome、Firefox、Opera 等浏览器的代码
        else if (document.implementation && document.implementation.
createDocument) {
            xsltProcessor = new XSLTProcessor();
            xsltProcessor.importStylesheet(xsl);
            resultDocument = xsltProcessor.transformToFragment(xml, document);
            document.getElementById(div_id).innerHTML = "";
            document.getElementById(div_id).appendChild(resultDocument);
        }
    }
```

3.4.4　实现效果

非排序情况下的实现效果如图 3.5 所示。

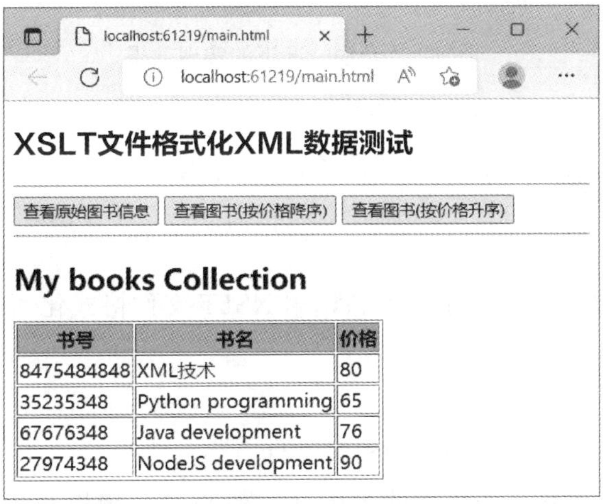

图 3.5　非排序情况下的实现效果

降序情况下的实现效果如图 3.6 所示。

图 3.6　降序情况下的实现效果

升序情况下的实现效果如图 3.7 所示。

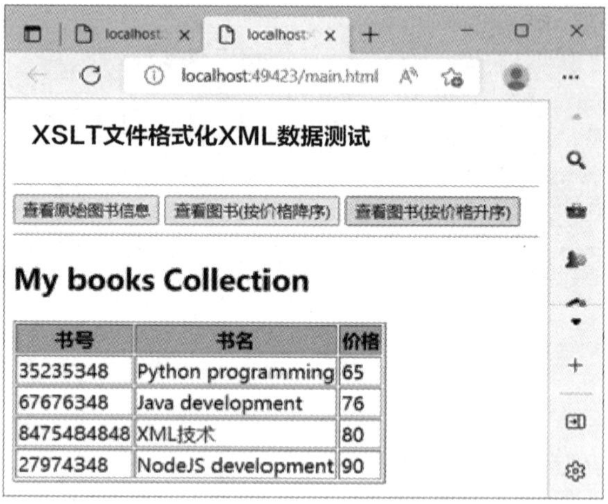

图 3.7　升序情况下的实现效果

3.5　问题思考

问题提出：通过以上实例演示，动态调用 XSLT 文件格式化 XML 数据的技术要点是什么？

问题思考（知识归纳）：

（1）应根据设计需求设计合适的 XSLT 文件。

（2）在 XSLT 文件中设计合适的模板（一般来说，模板起始标记应为<xsl:template match="/">；数据的循环输出应使用<xsl:for-each>实现；数据的排序应使用<xsl:sort>实现且放置于循环结构内部）。

（3）设计将 XML 文档对象与 XSLT 文档对象绑定的函数。

（4）调用绑定函数实现具体应用。

3.6 仿真实训

给定如下 XML 文档：

```
<?xml version="1.0" encoding="utf-8"?>
<students>
    <student category="new_student">
        <s_id>8475484848</s_id>
        <s_name>Max</s_name>
        <age>18</age>
    </student>
    <student>
        <s_id>35235348</s_id>
        <s_name>Jack</s_name>
        <age>20</age>
    </student>
    <student>
        <s_id>67676348</s_id>
        <s_name>Json</s_name>
        <age>21</age>
    </student>
    <student>
        <s_id>27974348</s_id>
        <s_name>Rose</s_name>
        <age>19</age>
    </student>
</students>
```

提出如下设计需求：

（1）设计合适的 XSLT 文件并格式化以上 XML 数据，实现基于 Web 的表格化数据输出。

（2）设计合适的 XSLT 文件并格式化以上 XML 数据，实现按年龄降序输出学生信息。

（3）设计合适的 XSLT 文件并格式化以上 XML 数据，实现按年龄升序输出学生信息。

（4）仿真本章案例功能，实现以上设计。

04 第 4 章 动态调用 XSLT 模板格式化 XML 数据

4.1 设计需求

给定如下 XML 文档：

```
<?xml version="1.0" encoding="utf-8"?>
<books>
    <book>
        <ISBN>8475484848</ISBN>
        <title>XML 技术</title>
        <price>80</price>
    </book>
    <book>
        <ISBN>35235348</ISBN>
        <title>Python programming</title>
        <price>65</price>
    </book>
    <book>
        <ISBN>67676348</ISBN>
        <title>Java development</title>
        <price>76</price>
    </book>
    <book>
        <ISBN>27974348</ISBN>
        <title>NodeJS development</title>
        <price>90</price>
    </book>
    </books>
```

提出如下设计需求：

（1）设计合适的 XSLT 文件，应用程序可以调用 XSLT 文件中的降序模板，格式化以上 XML 数据并按价格降序输出图书信息。

（2）设计合适的 XSLT 文件，应用程序可以调用 XSLT 文件中的升序模板，格式化以上 XML 数据并按价格升序输出图书信息。

4.2 设计分析

4.2.1 功能分析

测试用户期望功能如下：

（1）以表格形式降序浏览 XML 数据。

（2）以表格形式升序浏览 XML 数据。

（3）当前 XML 文档对象与动态 XSLT 模板绑定（隐性功能）。

测试用户用例建模如图 4.1 所示。

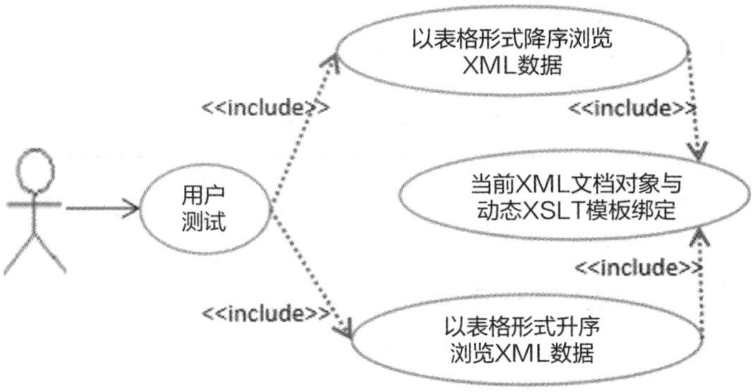

图 4.1　测试用户用例建模

4.2.2 核心业务数据流分析

核心业务流程描述如下：

（1）文件处理框架读取 XML 源文件并生成 XML 文档对象。

（2）文件处理框架读取 XSLT 源文件并生成 XSLT 文本数据。

（3）XSLT 文本数据经 XSLT 模板处理后生成 XSLT 降序对象及 XSLT 升序对象。

（4）对象绑定模块将 XML 文档对象与 XSLT 排序对象绑定并输出格式化结果。

核心业务数据流建模如图 4.2 所示。

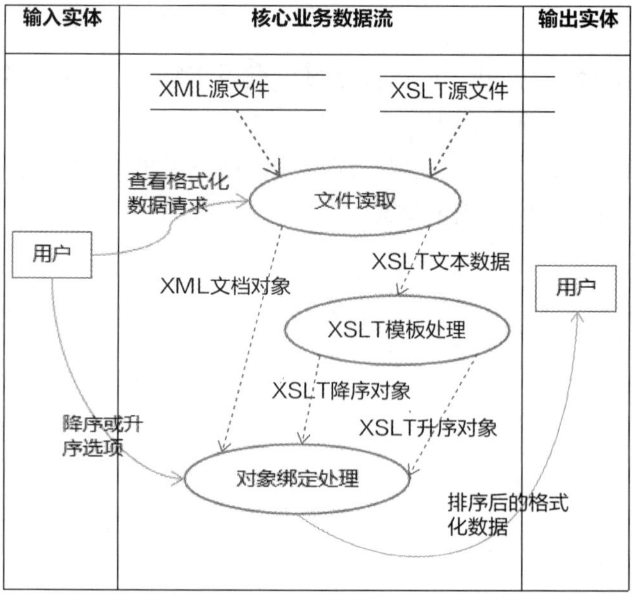

图 4.2 核心业务数据流建模

4.2.3 包及文件设计分析

基于分层架构视角的包及文件设计如表 4.1 所示。

表 4.1 包及文件设计

序号	包设计	文件设计
1	设计表示层包（包名为 UI），相当于表示层文件容器	（1）设计用户界面主页文件 main.html。 （2）设计包含排序逻辑的 XSLT 文件 X.xslt。 （3）设计自定义 JavaScript 框架文件 XSLT.js，包含格式化 XML 逻辑。 （4）引入 jQuery 框架（jquery-1.11.1.js）
2	设计数据层包（包名为 data），相当于数据层文件容器	设计 XML 数据测试文件 books.xml

包及文件关系建模如图 4.3 所示。

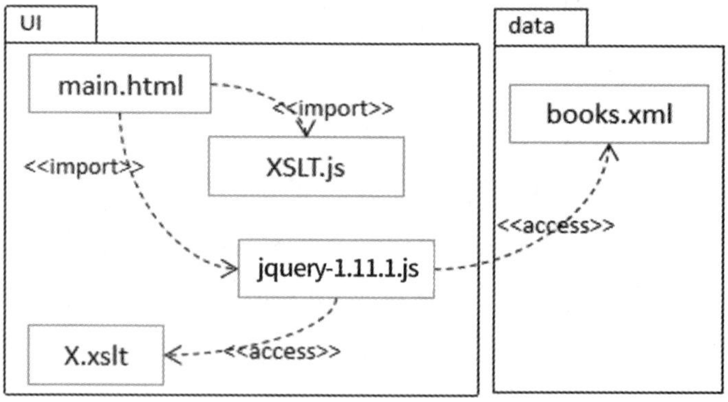

图 4.3 包及文件关系建模

4.3　文件架构

基于以上分析，本案例的文件架构如图 4.4 所示。

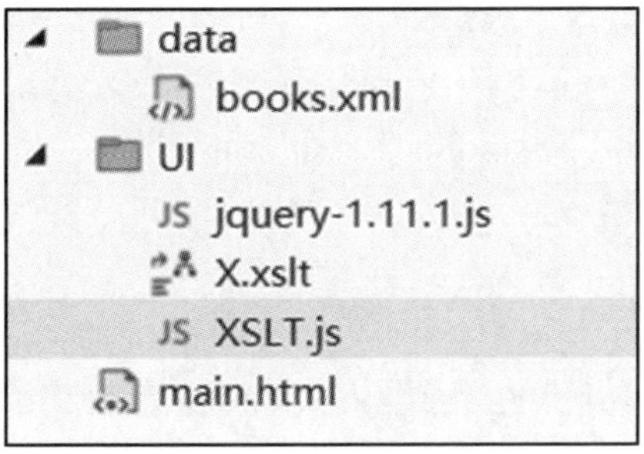

图 4.4　文件架构

文件（夹）功能说明如表 4.2 所示。

表 4.2　文件（夹）功能说明

序号	文件（夹）名	功能说明
1	books.xml	存放用于测试的 XML 基础数据
2	jquery-1.11.1.js	加载 jQuery 函数库
3	XSLT.js	自定义框架，可实现将 XSLT 排序对象与 XML 文档对象绑定并输出格式化数据的功能
4	X.xslt	格式化 XML 数据的 XSLT 文件
5	main.html	实现人机交互的用户界面主页
6	UI	存放界面处理逻辑文件
7	data	存放数据文件

说明：在实际应用中，考虑到$.get()函数不能跳出当前文件夹读取文件，所以暂时将主页文件存放在 UI 文件夹外围。

4.4　代码实现

4.4.1　主页实现

主页文件 main.html 实现代码如下：

```
<!DOCTYPE html>
<html lang="en" xmlns="http://www.w3.org/1999/xhtml">
<head>
    <meta charset="utf-8" />
    <title></title>
</head>
```

```
<body>
    <h3>XSLT 模板格式化 XML 数据输出测试</h3>
    <hr />
    <input class="op_but" disabled="disabled" type="button" value="按价格
降序输出图书信息" onclick="displayXML(xmldom,dd_xsldom,'result')" />
    <input class="op_but" disabled="disabled" type="button" value="按价格
升序输出图书信息" onclick="displayXML(xmldom,aa_xsldom,'result')" />
    <hr />
    <div id="result">
    </div>
</body>
</html>
<script type="text/javascript" src="./UI/jquery-1.11.1.js"></script>
<script type="text/javascript" src="./UI/XSLT.js"></script>
<script type="text/javascript">
    //初始化
    var xmldom; var dd_xsldom,aa_xsldom;
    $.get("./data/books.xml", function (data) {
        xmldom = data;
        $.get("./UI/X.xslt", function (data) {
            dd_xsldom = $.parseXML(data.replace("~+","dd_fun"));
            aa_xsldom = $.parseXML(data.replace("~+", "aa_fun"));
            $(".op_but").attr("disabled", false);
        }, "text");
    }, "xml");
</script>
```

4.4.2 XSLT 文件代码

X.xslt 文件代码如下：

```
<?xml version="1.0" encoding="utf-8"?>
<xsl:stylesheet version="1.0" xmlns:xsl="http://www.w3.org/1999/XSL/
Transform"
    xmlns:msxsl="urn:schemas-microsoft-com:xslt" exclude-result-prefixes=
"msxsl">
    <xsl:template match="/">
        <xsl:apply-templates mode="~+"></xsl:apply-templates>
    </xsl:template>
    <xsl:template mode="dd_fun" match="books">
        <table border="1">
            <tr>
                <th>书号</th>
                <th>书名</th>
```

```
                <th>价格</th>
            </tr>
            <xsl:for-each select="book">
                <xsl:sort select="price" data-type="number" order=
"descending"/>
                <tr>
                    <td>
                        <xsl:value-of select="ISBN"/>
                    </td>
                    <td>
                        <xsl:value-of select="title"/>
                    </td>
                    <td>
                        <xsl:value-of select="price"/>
                    </td>
                </tr>
            </xsl:for-each>
        </table>
    </xsl:template>
    <xsl:template mode="aa_fun" match="books">
        <table border="1">
            <tr>
                <th>书号</th>
                <th>书名</th>
                <th>价格</th>
            </tr>
            <xsl:for-each select="book">
                <xsl:sort select="price" data-type="number" order="ascending"/>
                <tr>
                    <td>
                        <xsl:value-of select="ISBN"/>
                    </td>
                    <td>
                        <xsl:value-of select="title"/>
                    </td>
                    <td>
                        <xsl:value-of select="price"/>
                    </td>
                </tr>
            </xsl:for-each>
        </table>
    </xsl:template>
            </xsl:stylesheet>
```

4.4.3 XSLT.js 文件代码

XSLT.js 文件代码如下：

```
    function displayXML(xml, xsl, div_id) {
        //xml、xsl 均是 XML 文档对象，div_id 是一个外部 div 的 ID
        //针对 IE 浏览器的代码
        if (window.ActiveXObject) {
            ex = xml.transformNode(xsl);
            document.getElementById(div_id).innerHTML = "";
            document.getElementById(div_id).innerHTML = ex;
        }
        //针对 Chrome、Firefox、Opera 等浏览器的代码
        else if (document.implementation && document.implementation.
createDocument) {
            xsltProcessor = new XSLTProcessor();
            xsltProcessor.importStylesheet(xsl);
            resultDocument = xsltProcessor.transformToFragment(xml, document);
            document.getElementById(div_id).innerHTML = "";
            document.getElementById(div_id).appendChild(resultDocument);
        }
    }
```

4.4.4 实现效果

降序情况下的实现效果如图 4.5 所示。

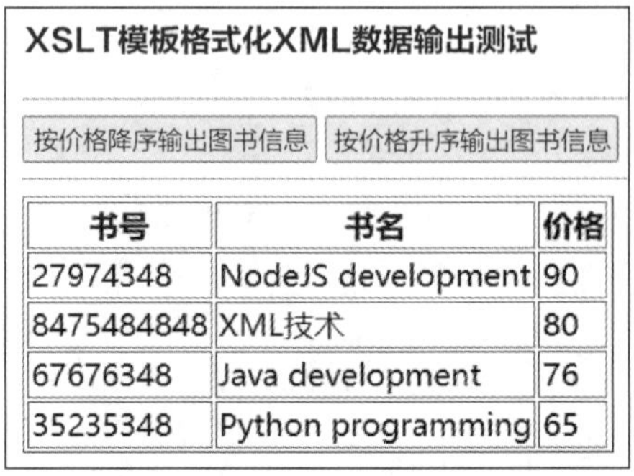

书号	书名	价格
27974348	NodeJS development	90
8475484848	XML技术	80
67676348	Java development	76
35235348	Python programming	65

图 4.5　降序情况下的实现效果

4.5 问题思考

问题提出：通过以上实例演示，动态调用 XSLT 模板格式化 XML 数据的技术要点是什么？

问题思考（知识归纳）：

（1）应根据设计需求设计合适的 XSLT 文件。

（2）在 XSLT 文件中设计代表不同功能的模板（如 M1、M2……）。

（3）将主模板中的 mode 属性设置为：mode="~+"。

（4）应用程序读取 XSLT 文件并将文件内容以文本形式返回到前端（假设文本内容存放在变量 xsl_string 中）。

（5）对变量进行字符替换操作“xsl_string.replace("~+",自定义模板的 mode 属性值)”并产生新的字符串（假设为 new_xsl）。

（6）将 XML 文档转换为对象 xmldom，将 new_xsl 转换为对象 xsldom。

（7）调用绑定函数，将对象 xmldom 与对象 xsldom 绑定并进行格式化输出。

4.6　仿真实训

给定如下 XML 文档：

```
<?xml version="1.0" encoding="utf-8"?>
<students>
   <student category="new_student">
      <s_id>8475484848</s_id>
      <s_name>Max</s_name>
      <age>18</age>
   </student>
   <student>
      <s_id>35235348</s_id>
      <s_name>Jack</s_name>
      <age>20</age>
   </student>
   <student>
      <s_id>67676348</s_id>
      <s_name>Json</s_name>
      <age>21</age>
   </student>
   <student>
      <s_id>27974348</s_id>
      <s_name>Rose</s_name>
      <age>19</age>
   </student>
   </students>
```

提出如下设计需求：

（1）设计合适的 XSLT 文件，应用程序可以调用 XSLT 文件中的降序模板，格式化以上 XML 数据并按年龄降序输出学生信息。

（2）设计合适的 XSLT 文件，应用程序可以调用 XSLT 文件中的升序模板，格式化以上 XML 数据并按年龄升序输出学生信息。

（3）仿真本章案例功能，实现以上设计。

05

第 5 章 XSLT 模板格式化 XML 数据且表格内嵌式交互排序

5.1 设计需求

给定如下 XML 文档：

```
<?xml version="1.0" encoding="utf-8"?>
<books>
   <book>
      <ISBN>8475484848</ISBN>
      <title>XML 技术</title>
      <price>80</price>
   </book>
   <book>
      <ISBN>35235348</ISBN>
      <title>Python programming</title>
      <price>65</price>
   </book>
   <book>
      <ISBN>67676348</ISBN>
      <title>Java development</title>
      <price>76</price>
   </book>
   <book>
      <ISBN>27974348</ISBN>
      <title>NodeJS development</title>
      <price>90</price>
   </book>
   </books>
```

提出如下设计需求：

（1）将交互排序按钮内嵌在表格中。

（2）设计合适的 XSLT 文件并格式化以上 XML 数据，实现按价格降序输出图书信息。

（3）设计合适的 XSLT 文件并格式化以上 XML 数据，实现按价格升序输出图书信息。

（4）内嵌式交互排序效果如图 5.1 所示。

书号	书名	价格 降序 升序
27974348	NodeJS development	90
8475484848	XML技术	80
67676348	Java development	76
35235348	Python programming	65

图 5.1　内嵌式交互排序效果

5.2　设计分析

5.2.1　功能分析

测试用户期望功能如下：

（1）表格内嵌式交互降序浏览 XML 数据。

（2）表格内嵌式交互升序浏览 XML 数据。

测试用户用例建模如图 5.2 所示。

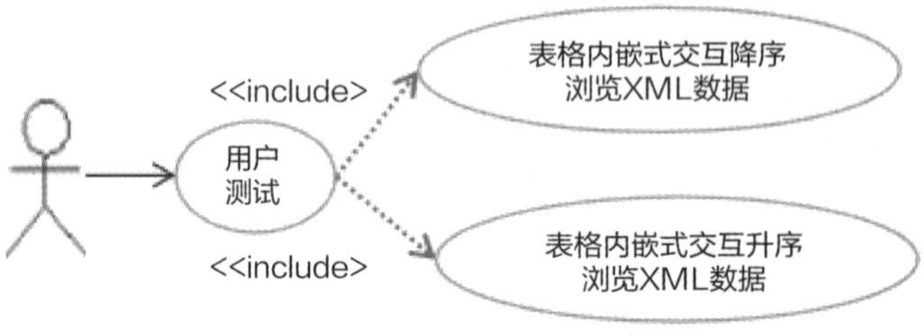

图 5.2　测试用户用例建模

5.2.2　核心业务数据流分析

核心业务流程描述如下：

（1）文件处理框架读取 XML 源文件并生成 XML 文档对象。

（2）文件处理框架读取 XSLT 源文件并生成 XSLT 文本数据。

（3）XSLT 文本数据经 XSLT 模板处理后生成 XSLT 降序对象及 XSLT 升序对象。

（4）对象绑定模块将 XML 文档对象与 XSLT 排序对象绑定并输出格式化结果。

核心业务数据流建模如图 5.3 所示。

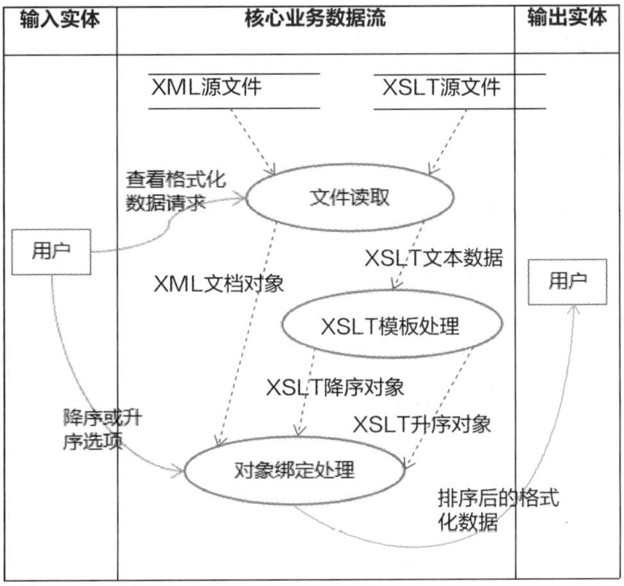

图 5.3　核心业务数据流建模

5.2.3　包及文件设计分析

基于分层架构视角的包及文件设计如表 5.1 所示。

表 5.1　包及文件设计

序号	包设计	文件设计
1	设计表示层包（包名为 UI），相当于表示层文件容器	（1）设计用户界面主页文件 main.html。 （2）设计包含排序逻辑的 XSLT 文件 X.xslt。 （3）设计自定义 JavaScript 框架文件 XSLT.js，包含格式化 XML 逻辑。 （4）引入 jQuery 框架（jquery-1.11.1.js）
2	设计数据层包（包名为 data），相当于数据层文件容器	设计 XML 数据测试文件 books.xml

包及文件关系建模如图 5.4 所示。

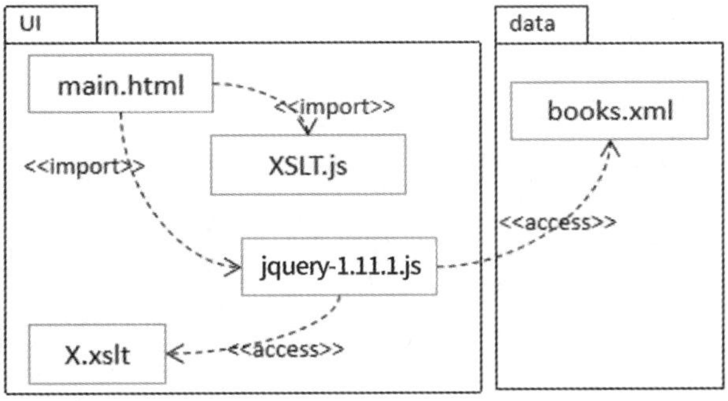

图 5.4　包及文件关系建模

5.3 文件架构

基于以上分析，本案例的文件架构如图 5.5 所示。

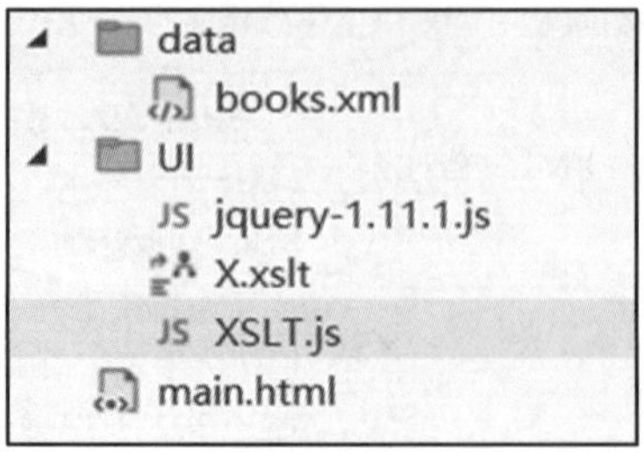

图 5.5 文件架构

文件（夹）功能说明如表 5.2 所示。

表 5.2 文件（夹）功能说明

序号	文件（夹）名	功能说明
1	books.xml	存放用于测试的 XML 基础数据
2	jquery-1.11.1.js	加载 jQuery 函数库
3	XSLT.js	自定义框架，可实现将 XSLT 排序对象与 XML 文档对象绑定并输出格式化数据的功能
4	X.xslt	格式化 XML 数据的 XSLT 文件
5	main.html	实现人机交互的用户界面主页
6	UI	存放界面处理逻辑文件
7	data	存放数据文件

说明：在实际应用中，考虑到$.get()函数不能跳出当前文件夹读取文件，所以暂时将主页文件存放在 UI 文件夹外围。

5.4 代码实现

5.4.1 主页实现

主页文件 main.html 实现代码如下：

```
<!DOCTYPE html>
<html lang="en" xmlns="http://www.w3.org/1999/xhtml">
<head>
    <meta charset="utf-8" />
    <title></title>
</head>
<body>
```

```
        <h3>XSLT 模板格式化 XML 数据输出测试</h3>
        <hr />
        <input class="op_but" disabled="disabled" type="button" value="浏览全
部图书信息" onclick="displayXML(xmldom, gg_xsldom, 'result')" />
        <hr />
        <div id="result">
        </div>
    </body>
    </html>
    <script type="text/javascript" src="./UI/jquery-1.11.1.js"></script>
    <script type="text/javascript" src="./UI/XSLT.js"></script>
    <script type="text/javascript">
        //初始化
        var xmldom; var gg_xsldom, dd_xsldom,aa_xsldom;
        $.get("./data/books.xml", function (data) {
            xmldom = data;
            $.get("./UI/X.xslt", function (data) {
                gg_xsldom = $.parseXML(data.replace("~+", "gg_fun"));
                dd_xsldom = $.parseXML(data.replace("~+","dd_fun"));
                aa_xsldom = $.parseXML(data.replace("~+", "aa_fun"));
                $(".op_but").attr("disabled", false);
            }, "text");
        }, "xml");
    </script>
```

5.4.2　XSLT 文件代码

X.xslt 文件代码如下：

```
    <?xml version="1.0" encoding="utf-8"?>
    <xsl:stylesheet version="1.0" xmlns:xsl="http://www.w3.org/1999/XSL/
Transform"
        xmlns:msxsl="urn:schemas-microsoft-com:xslt" exclude-result-prefixes=
"msxsl"
    >
        <xsl:template match="/">
            <xsl:apply-templates mode="~+"></xsl:apply-templates>
        </xsl:template>

        <xsl:template mode="gg_fun" match="books">
            <table border="1">
                <tr>
                    <th>书号</th>
                    <th>书名</th>
```

```
                <th>
                  价格
                  <input  type="button" value="降序" onclick="displayXML
(xmldom,dd_xsldom,'result')" />
                  <input  type="button" value="升序" onclick="displayXML
(xmldom,aa_xsldom,'result')" />
                </th>
            </tr>
            <xsl:for-each select="book">
                <tr>
                    <td>
                        <xsl:value-of select="ISBN"/>
                    </td>
                    <td>
                        <xsl:value-of select="title"/>
                    </td>
                    <td>
                        <xsl:value-of select="price"/>
                    </td>
                </tr>
            </xsl:for-each>
        </table>
    </xsl:template>

    <xsl:template mode="dd_fun" match="books">
        <table border="1">
            <tr>
                <th>书号</th>
                <th>书名</th>
                <th>
                    价格
                    <input  type="button" value="降序" onclick="displayXML
(xmldom,dd_xsldom,'result')" />
                    <input  type="button" value="升序" onclick="displayXML
(xmldom,aa_xsldom,'result')" />
                </th>
            </tr>
            <xsl:for-each select="book">
                <xsl:sort select="price" data-type="number" order=
"descending"/>
                <tr>
                    <td>
                        <xsl:value-of select="ISBN"/>
```

```
                </td>
                <td>
                    <xsl:value-of select="title"/>
                </td>
                <td>
                    <xsl:value-of select="price"/>
                </td>
            </tr>
        </xsl:for-each>
    </table>
</xsl:template>

<xsl:template mode="aa_fun" match="books">
    <table border="1">
        <tr>
            <th>书号</th>
            <th>书名</th>
            <th>
                价格
                <input  type="button" value="降序" onclick="displayXML
(xmldom,dd_xsldom,'result')" />
                <input  type="button" value="升序" onclick="displayXML
(xmldom,aa_xsldom,'result')" />
            </th>
        </tr>
        <xsl:for-each select="book">
            <xsl:sort select="price" data-type="number" order=
"ascending"/>
            <tr>
                <td>
                    <xsl:value-of select="ISBN"/>
                </td>
                <td>
                    <xsl:value-of select="title"/>
                </td>
                <td>
                    <xsl:value-of select="price"/>
                </td>
            </tr>
        </xsl:for-each>
    </table>
</xsl:template>
</xsl:stylesheet>
```

5.4.3 XSLT.js 文件代码

XSLT.js 文件实现了将 XSLT 排序对象与 XML 文档对象绑定并输出格式化数据的功能，其实现代码如下：

```
function displayXML(xml, xsl, div_id) {
    //xml、xsl 均是 XML 文档对象，div_id 是一个外部 div 的 ID
    //针对 IE 浏览器的代码
    if (window.ActiveXObject) {
        ex = xml.transformNode(xsl);
        document.getElementById(div_id).innerHTML = "";
        document.getElementById(div_id).innerHTML = ex;
    }
    //针对 Chrome、Firefox、Opera 等浏览器的代码
    else if (document.implementation && document.implementation.createDocument) {
        xsltProcessor = new XSLTProcessor();
        xsltProcessor.importStylesheet(xsl);
        resultDocument = xsltProcessor.transformToFragment(xml, document);
        document.getElementById(div_id).innerHTML = "";
        document.getElementById(div_id).appendChild(resultDocument);
    }
}
```

5.4.4 实现效果

升序情况下的实现效果如图 5.6 所示。

图 5.6　升序情况下的实现效果

5.5　问题思考

问题提出：通过以上实例演示，在分页浏览 XML 数据时，动态调用 XSLT 模板格式化 XML 数据来实现表格内嵌式交互排序的技术要点是什么？

问题思考：

（1）应根据设计需求设计合适的 XSLT 文件。

（2）在 XSLT 文件中设计代表不同功能的模板（如 M1、M2……）。

（3）读取 XSLT 文件，将动态改变主模板中 mode 属性的值（字符串替换法）。

（4）将 XML 文档转换为对象 xmldom，将动态读取的 XSLT 文件转换为对象 xsldom。

（5）调用绑定函数，在分页浏览设计的基础上，将对象 xmldom 与对象 xsldom 绑定并进行格式化输出。

5.6　仿真实训

给定如下 XML 文档：

```
<?xml version="1.0" encoding="utf-8"?>
<students>
   <student category="new_student">
      <s_id>8475484848</s_id>
      <s_name>Max</s_name>
      <age>18</age>
   </student>
   <student>
      <s_id>35235348</s_id>
      <s_name>Jack</s_name>
      <age>20</age>
   </student>
   <student>
      <s_id>67676348</s_id>
      <s_name>Json</s_name>
      <age>21</age>
   </student>
   <student>
      <s_id>27974348</s_id>
      <s_name>Rose</s_name>
      <age>19</age>
   </student>
   </students>
```

提出如下设计需求：

（1）将交互排序按钮内嵌在表格中。

（2）设计合适的 XSLT 文件并格式化以上 XML 数据，实现按年龄降序输出学生信息。

（3）设计合适的 XSLT 文件并格式化以上 XML 数据，实现按年龄升序输出学生信息。

（4）内嵌式交互排序效果类似图 5.1。

（5）仿真本章案例功能，实现以上设计。

06 第 6 章 XML 文档数据格式创新设计

6.1 设计需求

给定如下传统格式 XML 文档：

```
<?xml version="1.0" encoding="utf-8"?>
<books>
    <book>
        <ISBN>8475484848</ISBN>
        <title>XML 技术</title>
        <price>80</price>
    </book>
    <book>
        <ISBN>35235348</ISBN>
        <title>Python programming</title>
        <price>65</price>
    </book>
    <book>
        <ISBN>67676348</ISBN>
        <title>Java development</title>
        <price>76</price>
    </book>
    <book>
        <ISBN>27974348</ISBN>
        <title>NodeJS development</title>
        <price>90</price>
    </book>
    </books>
```

给定如下创新格式 XML 文档：

```
<?xml version="1.0" encoding="utf-8"?>
```

```
<table id="books" border="1">
    <tr bgcolor="yellow">
        <th>书号</th>
        <th>书名</th>
        <th>价格</th>
    </tr>
    <tr class="book">
        <td>8475484848</td>
        <td>XML 技术</td>
        <td>80</td>
    </tr>
    <tr class="book">
        <td>35235348</td>
        <td>Python programming</td>
        <td>65</td>
    </tr>
    <tr class="book">
        <td>67676348</td>
        <td>Java development</td>
        <td>76</td>
    </tr>
    <tr class="book">
        <td>27974348</td>
        <td>NodeJS development</td>
        <td>90</td>
    </tr>
</table>
```

提出如下设计需求：

（1）设计合适的应用，分别读取以上 XML 文档的全部文本并将文本返回到前端呈现。

（2）对读取的文本进行格式化处理后以表格形式输出图书信息。

6.2 设计分析

6.2.1 功能分析

测试用户期望功能如下：

（1）测试用户读取传统格式 XML 文档并以文本形式呈现。

（2）测试用户测试传统格式 XML 文本格式化输出（以表格形式呈现）。

（3）测试用户读取创新格式 XML 文档并以文本形式呈现。

（4）测试用户测试创新格式 XML 文本格式化输出（以表格形式呈现）。

测试用户用例建模如图 6.1 所示。

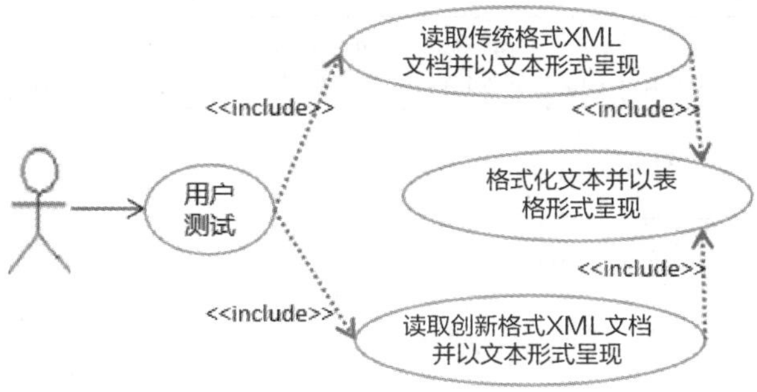

图 6.1　测试用户用例建模

6.2.2　核心业务数据流分析

核心业务流程描述如下：

（1）测试用户请求读取传统格式 XML 源文件或创新格式 XML 源文件并以文本形式呈现。

（2）测试用户请求将当前 XML 文本进行格式化输出（以表格形式呈现）。

核心业务数据流建模如图 6.2 所示。

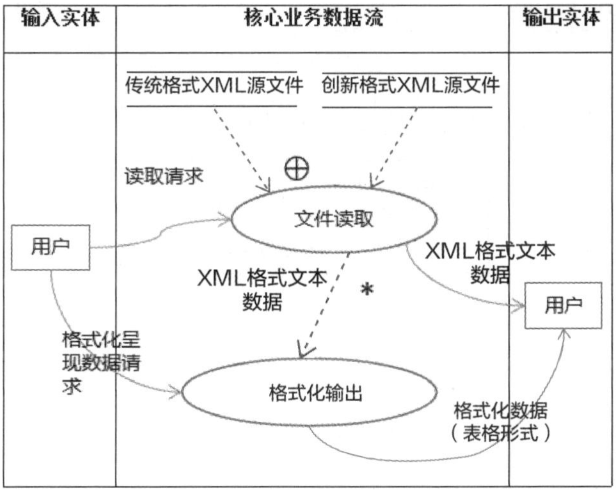

图 6.2　核心业务数据流建模

6.2.3　包及文件设计分析

基于分层架构视角的包及文件设计如表 6.1 所示。

表 6.1　包及文件设计

序号	包设计	文件设计
1	设计表示层包（包名为 UI），相当于表示层文件容器	（1）设计用户界面主页文件 main.html。 （2）主页引入 jQuery 框架（jquery-1.11.1.js），辅助表示层处理，也可以读取测试文件

续表

序号	包设计	文件设计
2	设计数据层包（包名为 data），相当于数据层文件容器	（1）设计传统格式 XML 数据测试文件 books_old.xml。 （2）设计创新格式 XML 数据测试文件 books_new.xml

包及文件关系建模如图 6.3 所示。

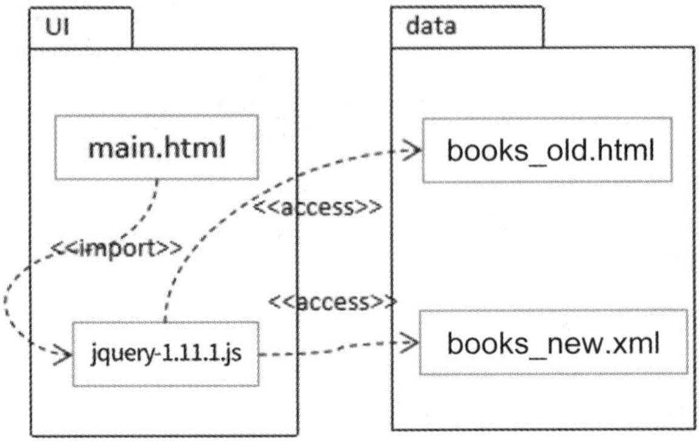

图 6.3　包及文件关系建模

6.3　文件架构

基于以上分析，本案例的文件架构如图 6.4 所示。

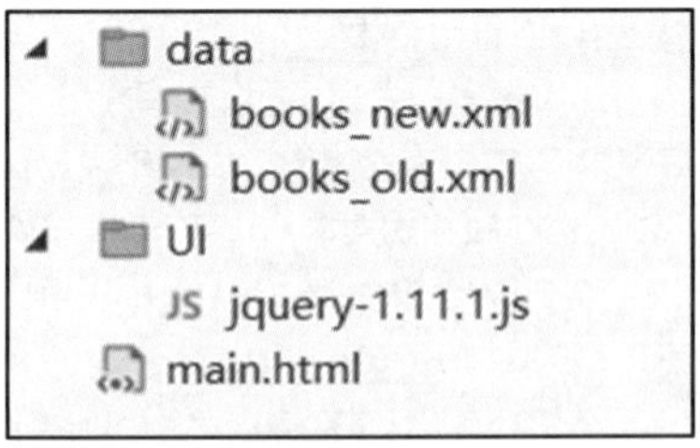

图 6.4　文件架构

文件（夹）功能说明如表 6.2 所示。

表 6.2　文件（夹）功能说明

序号	文件（夹）名	功能说明
1	books_new.xml	存放用于测试的创新格式 XML 数据
2	books_old.xml	存放用于测试的传统格式 XML 数据
3	jquery-1.11.1.js	加载 jQuery 函数库，辅助数据进行可视化处理及读取用于测试的基础数据
4	main.html	实现人机交互的用户界面主页
5	UI	存放界面处理逻辑文件
6	data	存放数据文件

说明：在实际应用中，考虑到$.get()函数不能跳出当前文件夹读取文件，所以暂时将主页文件存放在 UI 文件夹外围。

6.4　代码实现

6.4.1　主页实现

主页文件 main.html 实现代码如下：

```
    <!DOCTYPE html>
    <html lang="en" xmlns="http://www.w3.org/1999/xhtml">
    <head>
        <meta charset="utf-8" />
        <title></title>
    </head>
    <body>
        <h3>传统格式 XML 文档与创新格式 XML 文档比较测试</h3>
        <hr />
        <span style="background-color:black;color:white" onclick="view_Doc
('./data/books_old.xml')">查看传统格式 XML 文档</span>
        <span style="background-color:black;color:white" onclick="view_Doc
('./data/books_new.xml')">查看创新格式 XML 文档</span>
        <hr />
        <textarea id="text_result" style="width:400px;height:300px">
</textarea>
        <br />
        <input type="button" value="格式化当前文本以表格形式呈现" onclick=
"text_to_table()" />
        <hr />
        <div id="format_result">
        </div>
    </body>
    </html>
    <script type="text/javascript" src="./UI/jquery-1.11.1.js"></script>
    <script type="text/javascript">
        //格式化当前文本
        function text_to_table() {
            var temp = $("#text_result").text();
            if (temp.indexOf("<table") >= 0) { $("#format_result")
.html(temp); }
            else {
                var temp = temp.replace("<books>", "<table border='1'><tr><th>
书号</th><th>书名</th><th>价格</th></tr>");
                temp = temp.replace("</books>", "</table>");
                temp = temp.replace(/<book>/g, "<tr>");
```

```
                temp = temp.replace(/<[/]book>/g, "</tr>");
                temp = temp.replace(/(<ISBN>|<title>|<price>)/g, "<td>");
                temp = temp.replace(/(<[/]ISBN>|<[/]title>|<[/]price>)/g,
"</td>");
                $("#format_result").html(temp);
            }
        }
        //查看文档
        function view_Doc(file) {
            $.get(file, function (data) { $("#text_result").text(data); },
"text");
        }
    </script>
```

6.4.2 实现效果

读取传统格式 XML 文档的实现效果如图 6.5 所示。

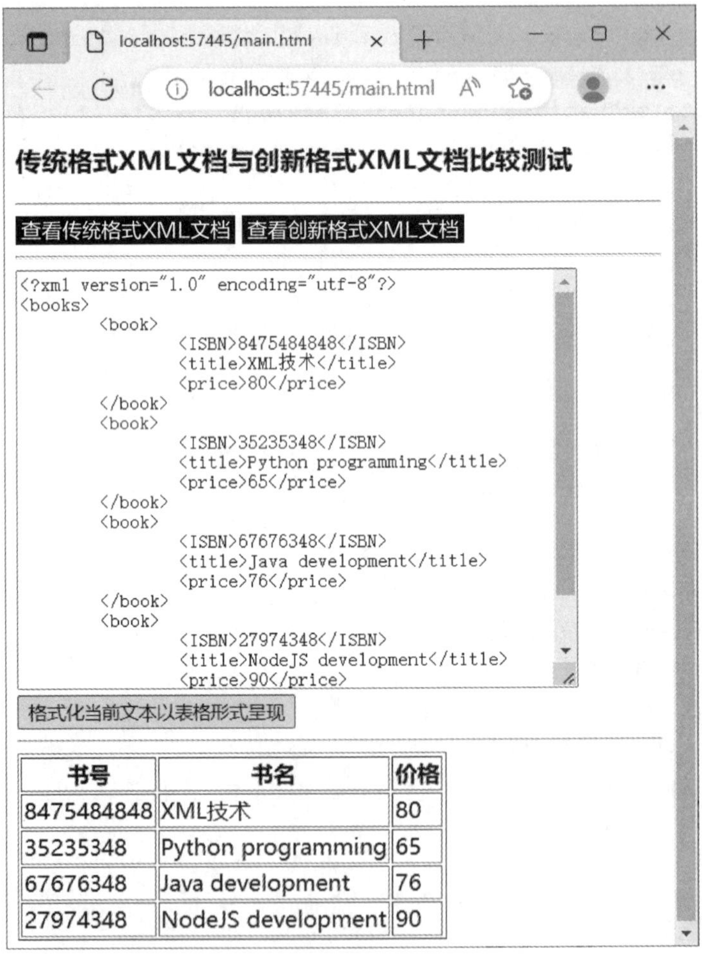

图 6.5 读取传统格式 XML 文档的实现效果

读取创新格式 XML 文档的实现效果如图 6.6 所示。

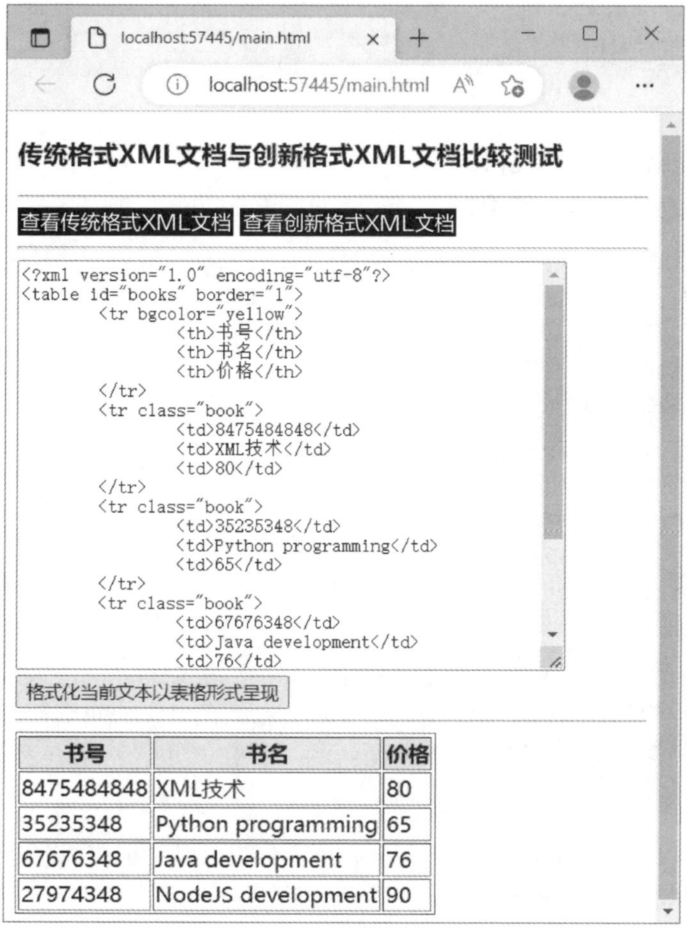

图 6.6　读取创新格式 XML 文档的实现效果

6.5　问题思考

问题提出：创新格式 XML 文档相对于传统格式 XML 文档，其主要优势是什么？

问题思考：

（1）传统格式 XML 文档在进行格式化输出时可能需要相对烦琐的处理（例如，在以表格形式呈现数据时需要介入较多字符串替换代码）。

（2）创新格式 XML 文档在进行格式化输出（如以表格形式呈现数据）时，处理步骤相对简单。

（3）在创新格式 XML 文档中，由于标记名称相对固定，因此可以编写通用函数，对其进行访问。

6.6 仿真实训

给定如下传统格式 XML 文档：

```
<?xml version="1.0" encoding="utf-8"?>
<students>
    <student category="new_student">
        <s_id>8475484848</s_id>
        <s_name>Max</s_name>
        <age>18</age>
    </student>
    <student>
        <s_id>35235348</s_id>
        <s_name>Jack</s_name>
        <age>20</age>
    </student>
    <student>
        <s_id>67676348</s_id>
        <s_name>Json</s_name>
        <age>21</age>
    </student>
    <student>
        <s_id>27974348</s_id>
        <s_name>Rose</s_name>
        <age>19</age>
    </student>
</students>
```

给定如下创新格式 XML 文档：

```
<?xml version="1.0" encoding="utf-8"?>
<table id=" trs">
    <tr>
        <th>学号</th>
        <th>姓名</th>
        <th>年龄</th>
    </tr>
    <tr category="new_student">
        <td>8475484848</td>
        <td>Max</td>
        <td>18</td>
    </tr>
```

```
    <tr>
        <td>35235348</td>
        <td>Jack</td>
        <td>20</td>
    </tr>
    <tr>
        <td>67676348</td>
        <td>Json</td>
        <td>21</td>
    </tr>
    <tr>
        <td>27974348</td>
        <td>Rose</td>
        <td>19</td>
    </tr>
</table>
```

提出如下设计需求：

（1）设计应用，分别读取传统格式 XML 文档和创新格式 XML 文档，并以表格形式在网页中呈现数据。

（2）仿真本章案例功能，实现以上设计。

07 第 7 章 XSLT 文件格式化创新格式 XML 文档

7.1 设计需求

给定如下创新格式 XML 文档：

```
<?xml version="1.0" encoding="utf-8"?>
<table id="books" border="1">
    <tr bgcolor="yellow">
        <th>书号</th>
        <th>书名</th>
        <th>价格</th>
    </tr>
    <tr class="book">
        <td>8475484848</td>
        <td>XML 技术</td>
        <td>80</td>
    </tr>
    <tr class="book">
        <td>35235348</td>
        <td>Python programming</td>
        <td>65</td>
    </tr>
    <tr class="book">
        <td>67676348</td>
        <td>Java development</td>
        <td>76</td>
    </tr>
    <tr class="book">
        <td>27974348</td>
        <td>NodeJS development</td>
        <td>90</td>
```

```
    </tr>
    </table>
```

提出如下设计需求：

（1）设计尽可能通用的 XSLT 模板。

（2）用户可以查看创新格式 XML 文档和 XSLT 文件的文本内容。

（3）设计应用程序，调用 XSLT 文件格式化以上 XML 数据并以表格形式输出。

7.2　设计分析

7.2.1　功能分析

测试用户期望功能如下：

（1）查看创新格式 XML 文档文本内容。

（2）查看 XSLT 文件文本内容。

（3）查看 XML 文档对象与 XSLT 文档对象绑定后的格式化（表格形式）输出结果。

测试用户用例建模如图 7.1 所示。

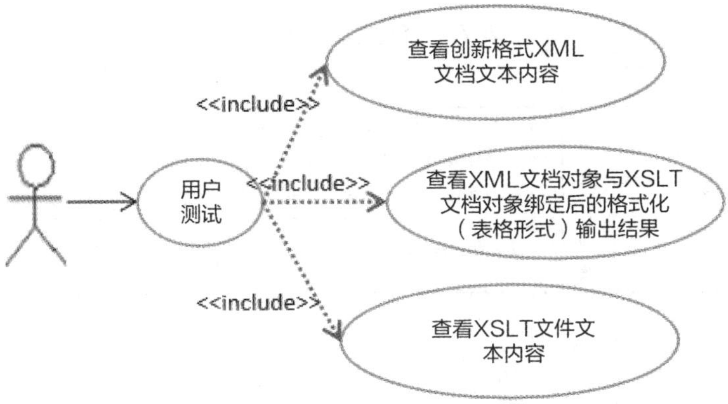

图 7.1　测试用户用例建模

7.2.2　核心业务数据流分析

核心业务流程描述如下：

（1）文件处理框架读取创新格式 XML 源文件，生成 XML 文档对象。

（2）文件处理框架读取 XSLT 源文件，生成 XSLT 文档对象。

（3）对象绑定模块将 XML 文档对象与 XSLT 文档对象绑定并输出格式化结果。

核心业务数据流建模如图 7.2 所示。

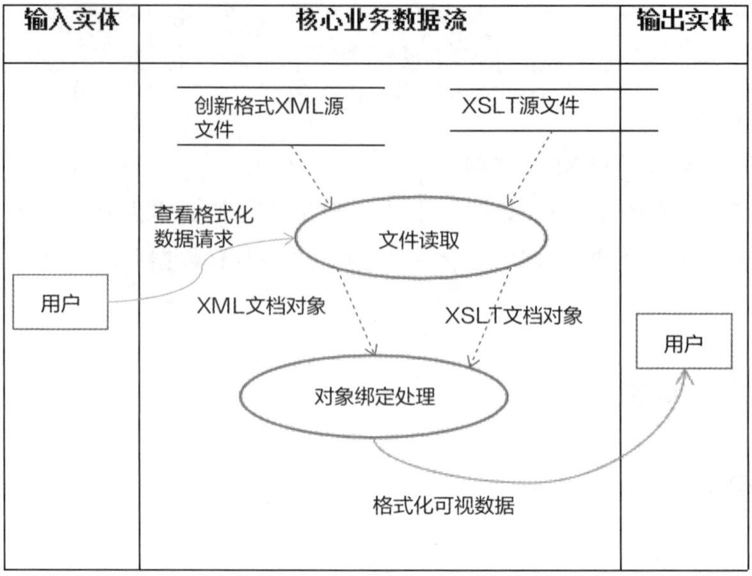

图 7.2　核心业务数据流建模

7.2.3　包及文件设计分析

基于分层架构视角的包及文件设计如表 7.1 所示。

表 7.1　包及文件设计

序号	包设计	文件设计
1	设计表示层包（包名为 UI），相当于表示层文件容器	（1）设计用户界面主页文件 main.html。 （2）设计 XSLT 文件 X.xslt，包含格式化输出逻辑。 （3）设计自定义 JavaScript 框架文件 XSLT.js，包含绑定 XML、XSLT 逻辑
2	设计数据层包（包名为 data），相当于数据层文件容器	设计 XML 数据测试文件 books_new.xml

包及文件关系建模如图 7.3 所示。

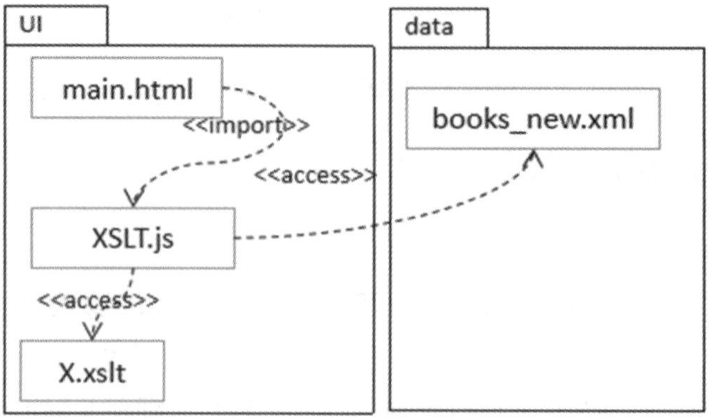

图 7.3　包及文件关系建模

7.3　文件架构

基于以上分析，本案例的文件架构如图 7.4 所示。

图 7.4　文件架构

文件（夹）功能说明如表 7.2 所示。

表 7.2　文件（夹）功能说明

序号	文件（夹）名	功能说明
1	books_new.xml	存放用于测试的创新格式 XML 数据
2	X.xslt	格式化 XML 数据的 XSLT 文件
3	XSLT.js	自定义框架，可实现将 XSLT 文档对象与 XML 文档对象绑定并输出格式化数据的功能
4	main.html	实现人机交互的用户界面主页
5	jquery-1.11.1.js	加载 jQuery 函数库，辅助主页进行前端处理
6	UI	存放界面处理逻辑文件
7	data	存放数据文件

说明：在实际应用中，考虑到$.get()函数不能跳出当前文件夹读取文件，所以暂时将主页文件存放在 UI 文件夹外围。

7.4　代码实现

7.4.1　主页实现

主页文件 main.html 实现代码如下：

```
<!DOCTYPE html>
<html>
<head>
    <style type="text/css">
        .view_sp{
            background-color:black;
            color:white;
```

```
            cursor:pointer
          }
        </style>
    </head>
    <body>
        <h2>XSLT 文件格式化创新格式 XML 文档测试</h2>
        <hr />
        <span class="view_sp" onclick="view_doc('./data/books_new.xml')">查看
XML 文档</span>
        <span class="view_sp" onclick="view_doc('./UI/X.xslt')">查看 XSLT 文件
</span>
        <hr />
        <input type="button" value="XSLT 格式化 XML 输出" onclick="displayXML
('./data/books_new.xml','./UI/X.xslt','result_div')" />
        <hr />
        <div id="result_div">
        </div>
    </body>
    </html>
    <script type="text/javascript" src="./UI/XSLT.js"></script>
    <script type="text/javascript" src="./UI/jquery-1.11.1.js"></script>
    <script type="text/javascript">
        //查看文档
        function view_doc(file) {
            $.get(file, function (data) { alert(data); }, "text");
        }
    </script>
```

7.4.2 XSLT 文件代码

X.xslt 文件实现了 XML 文档表格化展示功能，其实现代码如下：

```
    <?xml version="1.0" encoding="utf-8"?>
    <xsl:stylesheet version="1.0" xmlns:xsl="http://www.w3.org/1999/XSL/
Transform"
        xmlns:msxsl="urn:schemas-microsoft-com:xslt" exclude-result-prefixes=
"msxsl"
    >
        <xsl:output method="html" indent="yes"/>
        <xsl:template match="/table">
            <table border="1">
                <tr>
                    <th>
                        <xsl:value-of select="tr[1]/th[1]"/>
```

```
                </th>
                <th>
                    <xsl:value-of select="tr[1]/th[2]"/>
                </th>
                <th>
                    <xsl:value-of select="tr[1]/th[3]"/>
                </th>
            </tr>
            <xsl:for-each select="tr[position()>1]">
                <tr>
                    <td>
                        <xsl:value-of select="td[1]"/>
                    </td>
                    <td>
                        <xsl:value-of select="td[2]"/>
                    </td>
                    <td>
                        <xsl:value-of select="td[3]"/>
                    </td>
                </tr>
            </xsl:for-each>
        </table>
    </xsl:template>
</xsl:stylesheet>
```

7.4.3　自定义 JavaScript 脚本代码

XSLT.js 文件实现了将 XSLT 文档对象与 XML 文档对象绑定并输出格式化数据的功能，其实现代码如下：

```
//JavaScript 源码
var xhttp;
function loadXMLDoc(filename) {

    if (window.ActiveXObject) {
        xhttp = new ActiveXObject("Msxml3.XMLHTTP");
    } else {
        xhttp = new XMLHttpRequest();
    }
    xhttp.open("GET", filename, false);
    xhttp.send("");
    return xhttp.responseXML;
}

function displayXML(xmlFile, xsltFile, div_id) {
```

```
        xml = loadXMLDoc(xmlFile);
        xsl = loadXMLDoc(xsltFile);
        //针对 IE 浏览器的代码
        if (window.ActiveXObject) {
            ex = xml.transformNode(xsl);
            document.getElementById(div_id).innerHTML = "";
            document.getElementById(div_id).innerHTML = ex;
        }
        //针对 Chrome、Firefox、Opera 等浏览器的代码
        else if (document.implementation && document.implementation.
createDocument) {
            xsltProcessor = new XSLTProcessor();
            xsltProcessor.importStylesheet(xsl);
            resultDocument = xsltProcessor.transformToFragment(xml, document);
            document.getElementById(div_id).innerHTML = "";
            document.getElementById(div_id).appendChild(resultDocument);
        }
    }
```

7.4.4 实现效果

XSLT 文件格式化创新格式 XML 文档的测试效果如图 7.5 所示。

图 7.5 XSLT 文件格式化创新格式 XML 文档的测试效果

7.5 问题思考

问题提出：XSLT 文件格式化创新格式 XML 文档的技术要点是什么？

问题思考：

（1）设计创新格式 XML 文档对应的通用 XSLT 模板。

（2）设计将 XML 文档对象与 XSLT 文档对象绑定并输出到特定区域的函数。

（3）调用绑定函数，实现创新格式 XML 文档的数据格式化输出。

7.6　仿真实训

给定如下创新格式 XML 文档：

```
<?xml version="1.0" encoding="utf-8"?>
<table id=" trs">
    <tr>
        <th>学号</th>
        <th>姓名</th>
        <th>年龄</th>
    </tr>
    <tr category="new_student">
        <td>8475484848</td>
        <td>Max</td>
        <td>18</td>
    </tr>
    <tr>
        <td>35235348</td>
        <td>Jack</td>
        <td>20</td>
    </tr>
    <tr>
        <td>67676348</td>
        <td>Json</td>
        <td>21</td>
    </tr>
    <tr>
        <td>27974348</td>
        <td>Rose</td>
        <td>19</td>
    </tr>
</table>
```

提出如下设计需求：

（1）设计尽可能通用的 XSLT 模板。

（2）用户可以查看创新格式 XML 文档和 XSLT 文件的文本内容。

（3）设计应用程序，调用 XSLT 文件格式化以上 XML 数据并以表格形式输出。

（4）仿真本章案例功能，实现以上设计。

08 第 8 章 XML 数据分页浏览设计

8.1 设计需求

给定如下 XML 文档：

```
<?xml version="1.0" encoding="utf-8"?>
<table border="1" id="books">
    <tr style="background-color:greenyellow">
        <th id="ISBN">书号</th>
        <th id="title">书名</th>
        <th id="price">价格</th>
    </tr>
    <tr>
        <td>5744885</td>
        <td>Java programming</td>
        <td>80</td>
    </tr>
    <tr>
        <td>2323885</td>
        <td>C# programming</td>
        <td>87</td>
    </tr>
    <tr>
        <td>8888</td>
        <td>Python programming</td>
        <td>68</td>
    </tr>
    <tr>
        <td>8767885</td>
        <td>NodeJS</td>
        <td>90</td>
```

```
    </tr>
    <tr>
        <td>r64547565647689</td>
        <td>C++ programming</td>
        <td>68</td>
    </tr>
    <tr>
        <td>45634748758478</td>
        <td>MongoDB</td>
        <td>90</td>
    </tr>
    <tr>
        <td>675665647689</td>
        <td>operation system</td>
        <td>68</td>
    </tr>
    <tr>
        <td>2342353758478</td>
        <td>XML 技术</td>
        <td>90</td>
    </tr>
    </table>
```

提出如下设计需求：

（1）设计合适的用户接口，用户可以自定义页面大小（每页显示的图书条目数量）。

（2）基于选定的页面大小，用户可以选择性地浏览“最前页”“最后页”“上一页”“下一页”。

8.2　设计分析

8.2.1　功能分析

测试用户期望功能如下：

（1）定义页面大小（每页显示的记录数量）。

（2）浏览最前一页。

（3）浏览最后一页。

（4）浏览当前页前一页。

（5）浏览当前页后一页。

测试用户用例建模如图 8.1 所示。

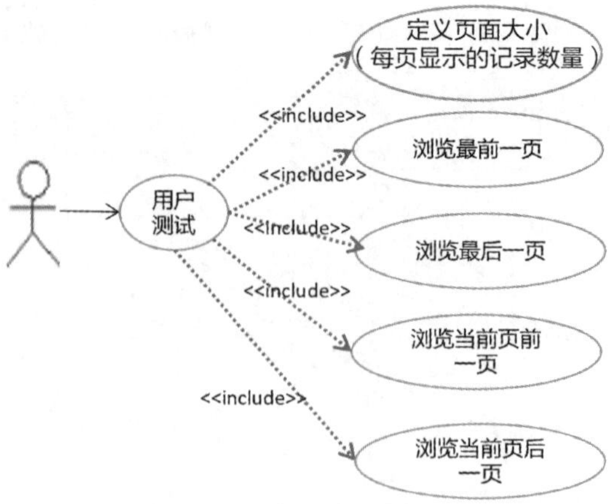

图 8.1　测试用户用例建模

8.2.2　核心业务数据流分析

核心业务流程描述如下：

（1）当加载页面时，服务框架读取 XML 源文件并以 XML 文档对象的形式返回给前端。

（2）将 XML 文档对象保存为全局变量。

（3）用户自定义页面大小（每页显示的记录数量）。

（4）XML 文档对象、页面大小、页面总数、当前浏览页面号、数据输出容器 div 作为参数，经分页处理程序处理后生成可视分页结果。

核心业务数据流建模如图 8.2 所示。

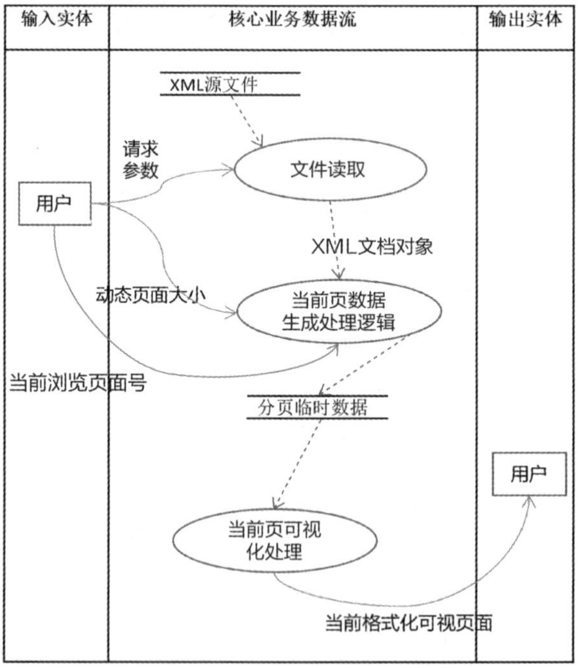

图 8.2　核心业务数据流建模

8.2.3　包及文件设计分析

基于分层架构视角的包及文件设计如表 8.1 所示。

表 8.1　包及文件设计

序号	包设计	文件设计
1	设计表示层包（包名为 UI），相当于表示层文件容器	（1）设计用户界面主页文件 main.html。 （2）设计自定义文件 XML_page.js（主页引入，用于分页浏览）。 （3）主页引入 jQuery 框架（jquery-1.11.1.js），辅助表示层处理
2	设计数据层包（包名为 data），相当于数据层文件容器	设计 XML 数据测试文件 books.xml

包及文件关系建模如图 8.3 所示。

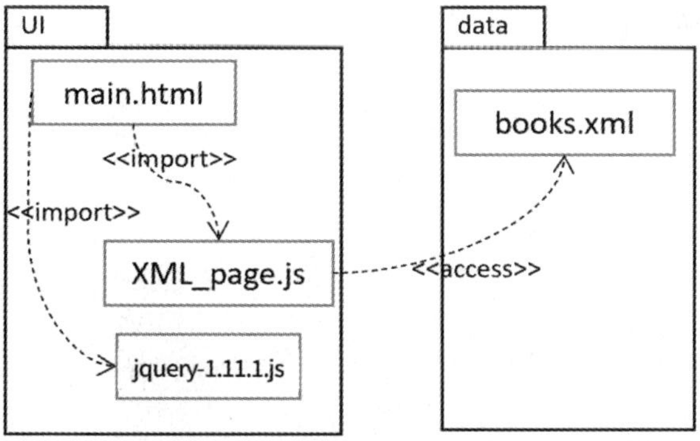

图 8.3　包及文件关系建模

8.3　文件架构

基于以上分析，本案例的文件架构如图 8.4 所示。

图 8.4　文件架构

文件（夹）功能说明如表 8.2 所示。

表 8.2 文件（夹）功能说明

序号	文件（夹）名	功能说明
1	books.xml	存放用于测试的创新格式 XML 数据
2	XML_page.js	包含 XML 数据分页浏览自定义函数
3	jquery-1.11.1.js	加载 jQuery 函数库
4	main.html	实现人机交互的用户界面主页
5	UI	存放表示层文件
6	data	存放 XML 数据文件
7	_doc	存放其他文档

说明：在实际应用中，考虑到$.get()函数不能跳出当前文件夹读取文件，所以暂时将主页文件存放在 UI 文件夹外围。

8.4 代码实现

8.4.1 主页实现

主页文件 main.html 实现代码如下：

```
<!DOCTYPE html>
<html lang="en" xmlns="http://www.w3.org/1999/xhtml">
<head>
    <meta charset="utf-8" />
    <title></title>
</head>
<body>
    <h3>XML 数据浏览测试</h3>
    <hr />
    【<span style="background-color:black;color:white">页面大小（每页显示记录
</span>
    <select id="p_size"  disabled="disabled"  onchange='pagesize_change
(xmldom, "p_size", "p_count","p_current", "result" )'>
        <option>3</option>
        <option>6</option>
        <option>9</option>
    </select><span style="background-color:black;color:white">条）; </span>
    共<input readonly="readonly" id="p_count" type="text" style=
"width:60px" />页;
    当前是第<input readonly="readonly" id="p_current" type="text"  value=
"1" style="width:60px"/>页】
    <hr />
    <input class="op_but" disabled="disabled" type="button" value="最前页"
```

```
onclick='first_page(xmldom, "p_size", "p_count","p_current", "result" )' />
        <input class="op_but" disabled="disabled" type="button" value="上一页"
onclick='prior_page(xmldom, "p_size", "p_count","p_current", "result" )' />
        <input class="op_but" disabled="disabled" type="button" value="下一页"
onclick='next_page(xmldom, "p_size", "p_count","p_current", "result" )' />
        <input class="op_but" disabled="disabled" type="button" value="最后页"
onclick='last_page(xmldom, "p_size", "p_count","p_current", "result" )' />
        <hr />
        <div id="result">
        </div>
    </body>
    </html>
    <script type="text/javascript" src="./UI/jquery-1.11.1.js"></script>
    <script type="text/javascript" src="./UI/XML_page.js"></script>
    <script type="text/javascript" >
        //初始化，按默认参数显示图书信息
        var xmldom;
        $(document).ready(function () {
            $.get("./data/books.xml", function (data) {
                xmldom = data;
                var book_count = xmldom.getElementsByTagName("tr").length - 1;
                var page_size = parseInt($("#p_size option:selected").text());
                var page_count = Math.ceil(book_count / page_size);
                $("#p_count").val(page_count);
                $("#p_size").attr("disabled", false);
                $(".op_but").attr("disabled", false);
                display_cur_page(xmldom,  "p_size",  "p_count",  "p_current",
"result");
            }, "xml");
        });
    </script>
```

8.4.2　自定义 JavaScript 文件实现

XML_page.js 文件实现了 XML 分页功能，其实现代码如下：

```
    //以下实现 XML 数据在 Table 中分页显示
    //重要说明
    //xmldom：XML 文档对象
    //page_size_id：调整页面大小的下拉列表
    //page_count_id：显示页面总数
    //page_current_id：当前正在浏览的页面号
    //result_div_id：输出结果的 div
```

```
    //显示当前页数据
    function display_cur_page(xmldom, page_size_id, page_count_id, page_
current_id, result_div_id) {
        var page_size = parseInt($("#" + page_size_id).val());
        var cur_page = parseInt($("#" + page_current_id).val());

        var begin_pos = (cur_page - 1) * page_size + 1;
        var end_pos = cur_page * page_size;
        var max_page = parseInt($("#" + page_count_id).val());
        var trs = xmldom.getElementsByTagName("tr");
        if (cur_page == max_page) { end_pos = trs.length - 1; }

        var table_str = "<table border='1'>";
        table_str += trs[0].outerHTML;
        for (var k = begin_pos; k <= end_pos; k++) {
            table_str += trs[k].outerHTML;
        }
        table_str += "</table>";
        $("#" + result_div_id).html(table_str);
    }

    //当页面大小发生变化时
    function pagesize_change(xmldom, page_size_id, page_count_id, page_
current_id, result_div_id) {
        var book_count = xmldom.getElementsByTagName("tr").length - 1;
        var page_size = parseInt($("#" + page_size_id + " option:selected").
text());
        var page_count = Math.ceil(book_count / page_size);
        $("#" + page_count_id).val(page_count);
        $("#" + page_current_id).val("1");

        display_cur_page(xmldom, page_size_id, page_count_id, page_current_
id, result_div_id);
    }

    //下一页
    function next_page(xmldom, page_size_id, page_count_id, page_current_id,
result_div_id) {
        var page_count = parseInt($("#" + page_count_id).val());
        var cu_page = parseInt($("#" + page_current_id).val());
        cu_page++;
        if (cu_page > page_count) { alert("已到最后一页"); return; }
```

```
        else {
            $("#" + page_current_id).val(cu_page);
            display_cur_page(xmldom, page_size_id, page_count_id, page_current_id,
result_div_id);
        }
    }

    //上一页
    function prior_page(xmldom, page_size_id, page_count_id, page_current_id,
result_div_id) {

        var cu_page = parseInt($("#" + page_current_id).val());
        cu_page--;
        if (cu_page == 0) { alert("已到最前一页"); return; }
        else {
            $("#" + page_current_id).val(cu_page);
            display_cur_page(xmldom, page_size_id, page_count_id, page_current_id,
result_div_id);
        }
    }

    //最前页
    function first_page(xmldom, page_size_id, page_count_id, page_current_id,
result_div_id) {
        $("#" + page_current_id).val("1");
        display_cur_page(xmldom, page_size_id, page_count_id, page_current_id,
result_div_id);
    }

    //最后页
    function last_page(xmldom, page_size_id, page_count_id, page_current_id,
result_div_id) {
        var page_count = parseInt($("#" + page_count_id).val());
        $("#" + page_current_id).val(page_count);
        display_cur_page(xmldom, page_size_id, page_count_id, page_current_id,
result_div_id);
    }
```

8.4.3 实现效果

当自定义页面大小为 3 时，浏览最前一页的效果如图 8.5 所示，浏览最后一页的效果如图 8.6 所示。

图 8.5　浏览最前一页的效果

图 8.6　浏览最后一页的效果

8.5　问题思考

问题提出：在对创新格式 XML 文档数据进行分页浏览设计时，其技术要点有哪些？

问题思考：

（1）当加载网页时，应读取 XML 文档并以 XML 文档对象的形式返回，将 XML 文档对象存储在全局变量中。

（2）设计下拉列表，以便选择页面大小。

（3）当页面大小发生变化时，就触发事件，该事件的主要处理逻辑是重新计算页面总数并刷新网页。

（4）全局保存当前浏览页面号（应为全局变量），作为浏览“上一页”和浏览“下一页”的依据。

8.6　仿真实训

给定如下 XML 文档：

```
<?xml version="1.0" encoding="utf-8"?>
<table border="1" id="students">
    <tr style="background-color:greenyellow">
        <th id="s_id">学号</th>
        <th id="name">姓名</th>
        <th id="age">年龄</th>
    </tr>
    <tr>
        <td>5744885</td>
        <td>Max</td>
        <td>18</td>
    </tr>
    <tr>
        <td>2323885</td>
        <td>Jack</td>
        <td>17</td>
    </tr>
    <tr>
        <td>8888</td>
        <td>Roseg</td>
        <td>18</td>
    </tr>
    <tr>
        <td>8767885</td>
        <td>Json</td>
        <td>19</td>
    </tr>
    <tr>
        <td>64547565647689</td>
        <td>张三</td>
        <td>16</td>
    </tr>
    <tr>
        <td>45634748758478</td>
        <td>李四</td>
        <td>19</td>
    </tr>
    <tr>
```

```
        <td>675665647689</td>
        <td>王五</td>
        <td>18</td>
    </tr>
    <tr>
        <td>2342353758478</td>
        <td>刘六</td>
        <td>20</td>
    </tr>
</table>
```

提出如下设计需求：

（1）设计合适的用户接口，用户可以自定义页面大小（每页显示的学生条目数量）。

（2）基于选定的页面大小，用户可以选择性地浏览“最前页”“最后页”“上一页”“下一页”。

（3）仿真本章案例功能，完成以上设计。

09 第 9 章 XMLHttpRequest 对象与 NodeJS 后台服务异步通信

9.1 设计需求

现提出如下设计需求：

（1）设计并实现一个 NodeJS 后台服务，该服务可接收客户端发送的消息并告知客户端对消息进行了处理。

（2）测试 XMLHttpRequest 对象向 NodeJS 后台服务发送一条消息，后台将处理结果返回给前端。

（3）测试 XMLHttpRequest 对象与 NodeJS 后台服务通信的同步交互处理。

（4）测试 XMLHttpRequest 对象与 NodeJS 后台服务通信的异步交互处理。

9.2 设计分析

9.2.1 功能分析

测试用户期望功能如下：

（1）测试 XMLHttpRequest 对象与 NodeJS 后台服务通信的同步交互处理过程。

（2）测试 XMLHttpRequest 对象与 NodeJS 后台服务通信的异步交互处理过程。

测试用户用例建模如图 9.1 所示。

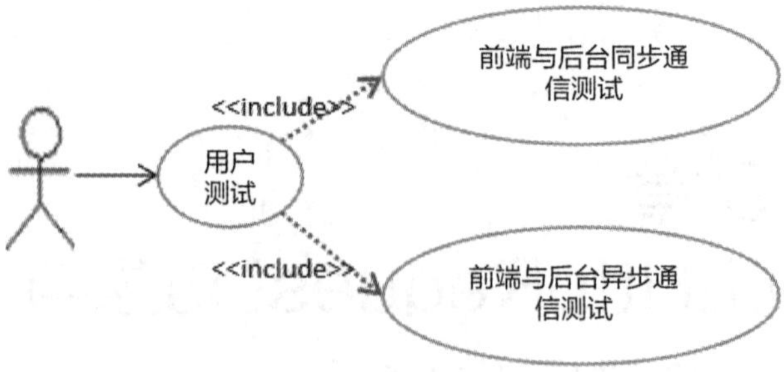

图 9.1　测试用户用例建模

9.2.2　核心业务数据流分析

核心业务流程描述如下：

（1）前端发出与后台同步或异步通信的交互请求。

（2）NodeJS 后台服务处理前端请求。

（3）后台返回消息。

（4）前端对后台返回的消息进行可视化处理。

核心业务数据流建模如图 9.2 所示。

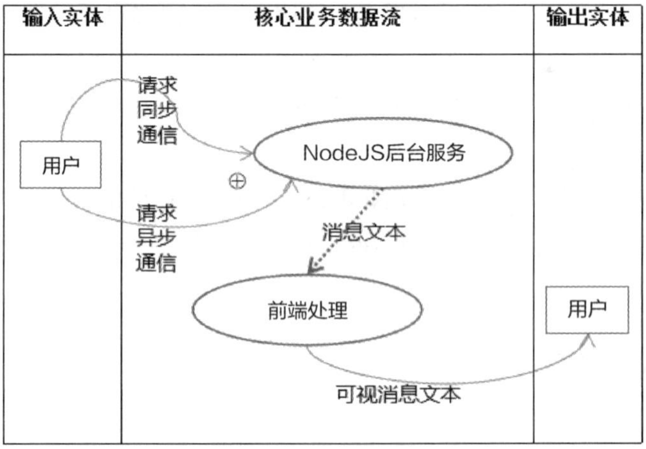

图 9.2　核心业务数据流建模

9.2.3　包及文件设计分析

基于分层架构视角的包及文件设计如表 9.1 所示。

表 9.1　包及文件设计

序号	包设计	文件设计
1	设计表示层包（包名为 UI），相当于表示层文件容器	（1）设计用户界面主页文件 main.html。 （2）主页引入 jQuery 框架（jquery-1.11.1.js），辅助表示层处理

续表

序号	包设计	文件设计
2	设计业务逻辑层包（包名为 server），相当于业务逻辑层文件容器	（1）设计通用业务逻辑服务文件 server.js，可引入专用服务模块。 （2）设计当前模块专用业务逻辑服务文件 server_09.js

包及文件关系建模如图 9.3 所示。

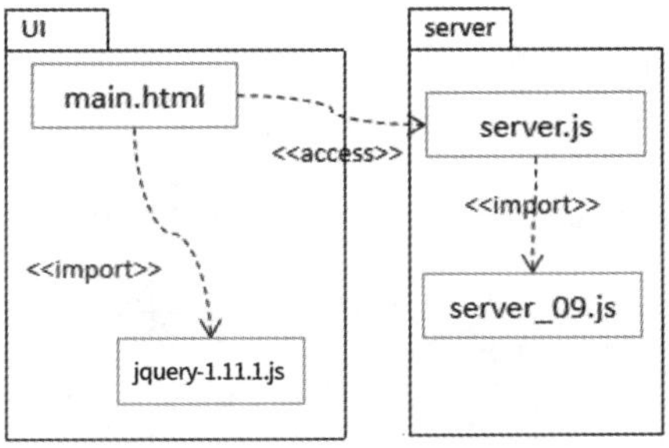

图 9.3　包及文件关系建模

9.3　文件架构

基于以上分析，本案例的文件架构如图 9.4 所示。

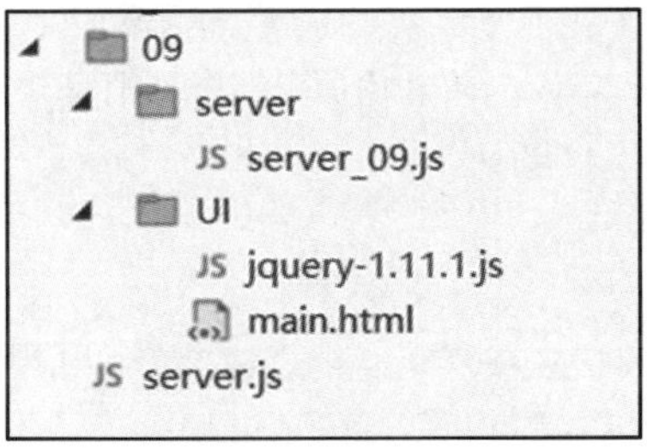

图 9.4　文件架构

文件（夹）功能说明如表 9.2 所示。

表 9.2　文件（夹）功能说明

序号	文件（夹）名	功能说明
1	main.html	实现人机交互的用户界面主页
2	server.js	NodeJS 后台通用业务逻辑服务程序（后台主服务程序），动态引入 server_09.js 模块
3	server_09.js	当前模块专用业务逻辑服务程序（后台子服务程序）
4	UI	存放表示层文件
5	server	存放业务逻辑层文件
6	09	存放文件夹 UI、server

说明：为了让通用业务逻辑服务多个项目，将 server.js 文件放置在上述所有文件夹外围（09 文件夹与 server.js 文件位于同级文件夹中）。

9.4 代码实现

9.4.1 主页实现

主页文件 main.html 实现代码如下：

```
<!DOCTYPE html>
<html lang="en" xmlns="http://www.w3.org/1999/xhtml">
<head>
    <meta charset="utf-8" />
    <title></title>
</head>
<body>
    <h2>XMLHttpRequest 对象与 NodeJS 后台服务异步通信测试</h2>
    <hr />
    输入一条消息
    <input type="text" id="msg" />
    <hr />
    <input type="button" value="向服务器发送消息（同步通信）" onclick=
"send_MSG_1()" />
    <input type="button" value="向服务器发送消息（异步通信）" onclick=
"send_MSG_2()" />
</body>
</html>
<script type="text/javascript" src="jquery-1.11.1.js"></script>
<script type="text/javascript">
    //发送消息（异步）
    function send_MSG_T() {
        var xhttp = new XMLHttpRequest();
        var msg = $("#msg").val();
        xhttp.open("post", "http://localhost:1017/msg_Server_09?message="
+ msg, true);
        xhttp.onreadystatechange = function () {
            if (xhttp.status == 200 && xhttp.readyState == 4) {
                alert("2.测试中: " + xhttp.responseText);
            }
        }
        xhttp.send();
    }
    //发送消息（同步）
```

```
        function send_MSG_F() {
            var xhttp = new XMLHttpRequest();
            var msg = $("#msg").val();
            xhttp.open("post", "http://localhost:1017/msg_Server_09?message="
+ msg, false);
            xhttp.onreadystatechange = function () {
                if (xhttp.status == 200 && xhttp.readyState == 4) {
                    alert("2.测试中: " + xhttp.responseText);
                }
            }
            xhttp.send();
        }
        //同步测试
        function send_MSG_1() {
            alert("1.测试前");
            send_MSG_F();
            alert("3.测试后");
        }
        //异步测试
        function send_MSG_2() {
            alert("1.测试前");
            send_MSG_T();
            alert("3.测试后");
        }
    </script>
```

9.4.2　后台主服务程序实现

后台主服务程序 server.js 实现代码如下：

```
    const http_obj = require("http");//用于产生服务对象
    const fs_obj = require("fs");//读写后台文件
    const url_tran_obj = require("url");//解释 URL

    const server = http_obj.createServer(function (request, response) {
        //请求路径处理
        var req_str = decodeURI(request.url);
        var req_head;
        var POS = req_str.indexOf("?");
        if (POS == -1) { req_head = req_str; }
        else { req_head = req_str.substring(0, POS); }
        //设置查询对象
        var url_obj = url_tran_obj.parse(req_str, true);
```

```
        var Q_obj = url_obj.query;
        //设置响应头
        response.setHeader("Content-Type", "text/plain;charset=utf-8");
        response.setHeader("Access-Control-Allow-Origin", "*");//实现跨域访问
        response.writeHead(200);
        //引用并初始化所有服务对象
        require("./09/server/server_09.js")(request, response, req_head,
Q_obj);
    });
    server.listen(1017);
    console.log("Server is running at port 1017...");
```

9.4.3 后台子服务程序实现

后台子服务程序 server_09.js 实现代码如下：

```
    function server_09(request, response, req_head, Q_obj) {
        if (req_head == "/msg_Server_09") {
            //消息服务测试
            response.end("这里是火星，已收到来自地球的问候：\n" + Q_obj["message"]);
        }
    }
    module.exports = server_09
```

9.4.4 实现效果

在如图 9.5 所示的主界面中输入“test”，若单击“向服务器发送消息（同步通信）”按钮，则依次弹出的消息如图 9.6、图 9.7 和图 9.8 所示。

图 9.5 主界面

图 9.6　同步通信第 1 次弹出的消息

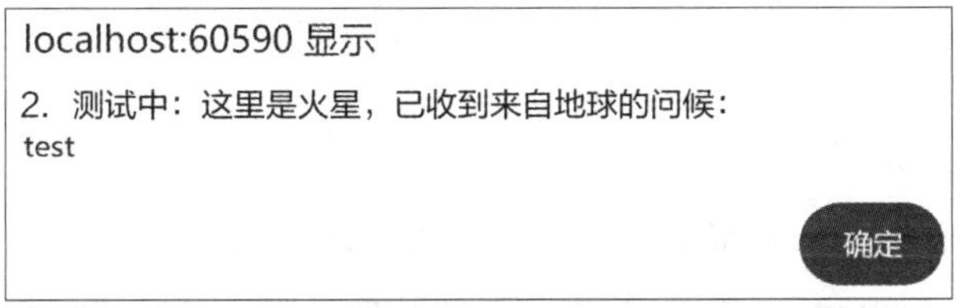

图 9.7　同步通信第 2 次弹出的消息

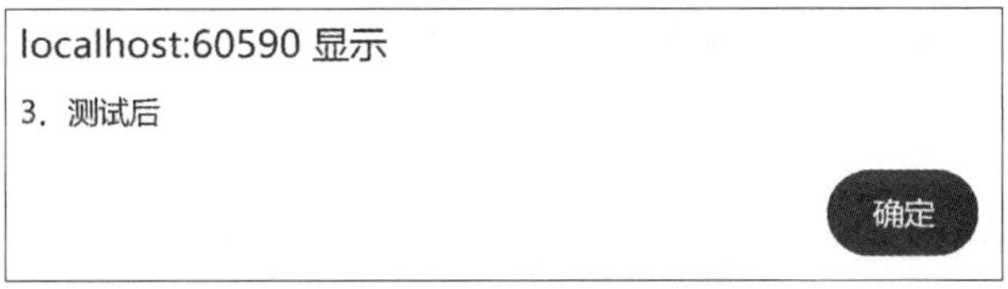

图 9.8　同步通信第 3 次弹出的消息

若单击“向服务器发送消息（异步通信）”按钮，则依次弹出的消息如图 9.9、图 9.10 和图 9.11 所示。

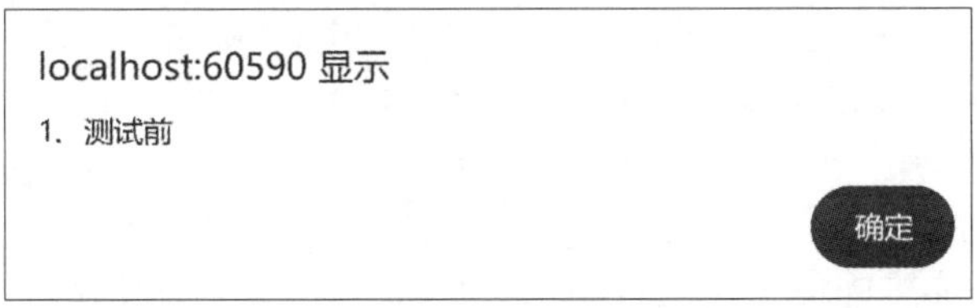

图 9.9　异步通信第 1 次弹出的消息

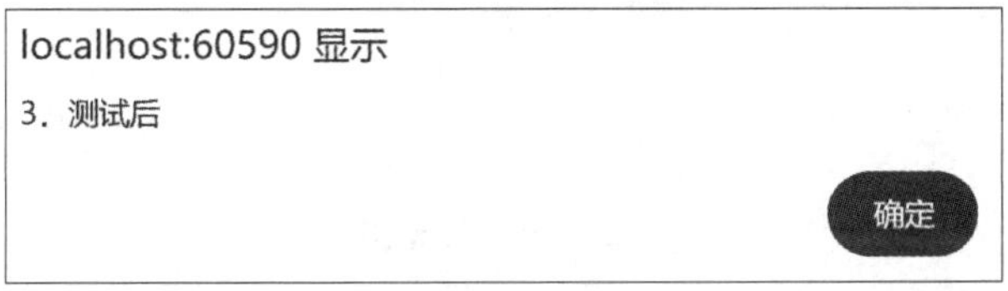

图 9.10　异步通信第 2 次弹出的消息

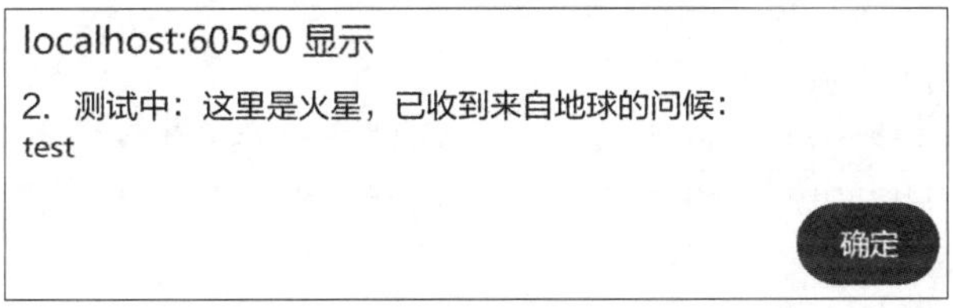

图 9.11　异步通信第 3 次弹出的消息

9.5 问题思考

问题提出：实现 XMLHttpRequest 对象与 NodeJS 后台服务异步通信的核心编程步骤是什么？

问题思考：

总结为关键的 4 个步骤。

（1）建对象：新建 XMLHttpRequest 对象（由 XMLHttpRequest()构造函数实现）。

（2）定参数：定义 open()函数的参数（3 个参数设定：post、http、true）。

（3）写事件：重写 onreadystatechange 事件（2 种状态判定：status、readyState）。

（4）发请求：发送请求（由 send()函数实现）。

9.6 仿真实训

给定如下 NodeJS 服务器框架：

```
// JavaScript 源码
//----------请将这个文件保存为 Unicode 格式，否则很麻烦-------------
const http_obj = require("http");//用于产生服务对象
const fs_obj = require("fs");//读写后台文件
const url_tran_obj = require("url");//解释 URL

const server = http_obj.createServer(function (request, response) {
    //请求路径处理
    var req_str = decodeURI(request.url);
    var req_head;
    var POS = req_str.indexOf("?");
    if (POS == -1) { req_head = req_str; }
    else { req_head = req_str.substring(0, POS); }
    //设置查询对象
    var url_obj = url_tran_obj.parse(req_str, true);
    var Q_obj = url_obj.query;
    //设置响应头
    response.setHeader("Content-Type", "text/plain;charset=utf-8");
    response.setHeader("Access-Control-Allow-Origin", "*");//实现跨域访问
    response.writeHead(200);

    if (req_head == "/server_for_MSG") {
        //消息服务测试
```

```
            response.end("这里是 NodeJS 后台服务，已收到来自前端的问候：\n" + Q_obj
["new_MSG"]);
        }
    });
    server.listen(1008);
    console.log("Server is running at port 1008...");
```

提出如下设计需求：

（1）测试 XMLHttpRequest 对象 NodeJS 向后台服务发送一条消息，后台将处理结果返回给前端。

（2）测试 XMLHttpRequest 对象与 NodeJS 后台服务通信的同步交互处理。

（3）测试 XMLHttpRequest 对象与 NodeJS 后台服务通信的异步交互处理。

（4）仿真本章案例功能，实现以上设计。

第 10 章 轻量级三层软件架构实例

10.1 设计需求

给定如下 XML 文档：

```
<?xml version="1.0" encoding="utf-8"?>
<books>
    <book>
        <ISBN>8475484848</ISBN>
        <title>XML 技术</title>
        <price>80</price>
    </book>
    <book>
        <ISBN>35235348</ISBN>
        <title>Python programming</title>
        <price>65</price>
    </book>
    <book>
        <ISBN>67676348</ISBN>
        <title>Java development</title>
        <price>76</price>
    </book>
    <book>
        <ISBN>27974348</ISBN>
        <title>NodeJS development</title>
        <price>90</price>
    </book>
</books>
```

提出如下设计需求：

（1）设计合适的 NodeJS 后台服务程序，该程序可读取后台 XML 文档，将 XML 文本数据返回给前端。

（2）设计合适的 NodeJS 后台服务程序，该程序可读取后台 XML 文档，将 XML 文本数据格式化为表格形式的字符串并返回给前端。

（3）以上应用均基于三层软件架构。

10.2　设计分析

10.2.1　功能分析

测试用户期望功能如下：

（1）后台读取 XML 文档，将 XML 文本数据返回给前端。

（2）后台格式化（表格化）XML 文档，将 XML 文本数据返回给前端。

测试用户用例建模如图 10.1 所示。

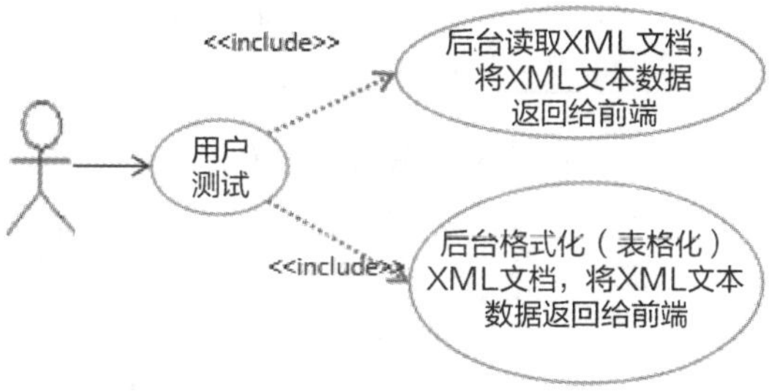

图 10.1　测试用户用例建模

10.2.2　核心业务数据流分析

核心业务流程描述如下：

（1）后台服务程序读取 XML 源文件，将 XML 文本数据发送给前端。

（2）或者，后台服务程序读取 XML 源文件，将 XML 文本数据经格式化处理（标记替换）后返回给前端并格式化输出。

核心业务数据流建模如图 10.2 所示。

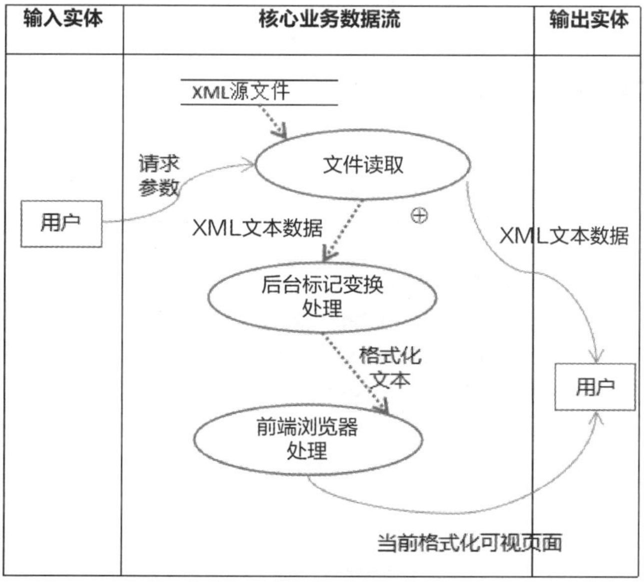

图 10.2　核心业务数据流建模

10.2.3　包及文件设计分析

基于三层软件架构视角的包及文件设计如表 10.1 所示。

表 10.1　包及文件设计

序号	包设计	文件设计
1	设计表示层包（包名为 UI），相当于表示层文件容器	（1）设计用户界面主页文件 main.html。 （2）主页引入 jQuery 框架（jquery-1.11.1.js），辅助表示层处理
2	设计业务逻辑层包（包名为 server），相当于业务逻辑层文件容器	（1）设计通用业务逻辑服务文件 server.js。 （2）设计当前模块专用业务逻辑服务文件 server_10.js
3	设计数据层包（包名为 data），相当于数据层文件容器	设计 XML 数据测试文件 books.xml

包及文件关系建模如图 10.3 所示。

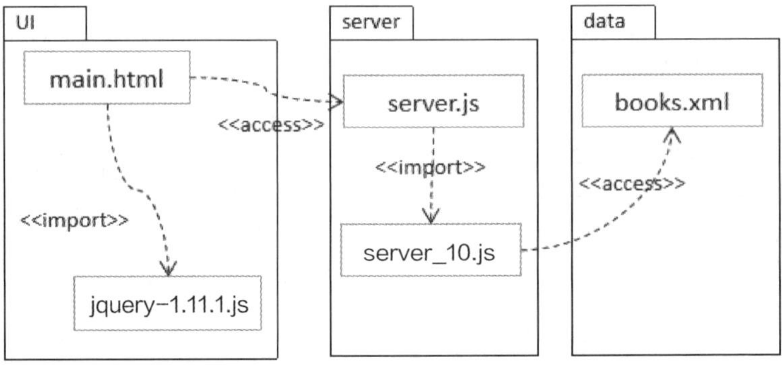

图 10.3　包及文件关系建模

10.3　文件架构

基于以上分析，本案例的文件架构如图 10.4 所示。

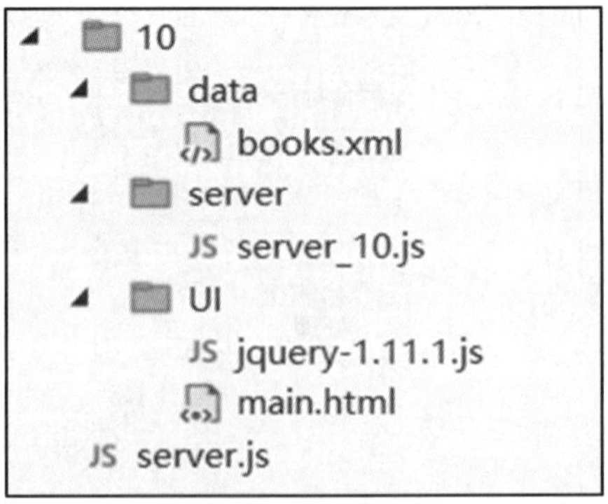

图 10.4　文件架构

文件（夹）功能说明如表 10.2 所示。

表 10.2　文件（夹）功能说明

序号	文件（夹）名	功能说明
1	books.xml	存放用于测试的 XML 基础数据
2	main.html	实现人机交互的用户界面主页
3	server.js	NodeJS 后台通用业务逻辑服务程序（后台主服务程序），动态引入 server_10.js 模块
4	server_10.js	当前模块专用业务逻辑服务程序（后台子服务程序）
5	UI	存放表示层文件
6	server	存放业务逻辑层文件
7	data	存放 XML 数据文件
8	10	存放文件夹 UI、server、data

说明：为了让通用业务逻辑服务多个项目，将 server.js 文件放置在上述所有文件夹外围。

10.4　代码实现

10.4.1　主页实现

主页文件 main.html 实现代码如下：

```
<!DOCTYPE html>
<html lang="en" xmlns="http://www.w3.org/1999/xhtml">
<head>
    <meta charset="utf-8" />
    <title></title>
</head>
<body>
    <h3>NodeJS 读取 XML 测试</h3>
    <hr />
    <input type="button" value="查看原始 XML 文档" onclick="view_XML()" />
    <input type="button" value="查看格式化 XML 文档" onclick="view_
formatXML()" />
    <hr />
    <div id="result"></div>
</body>
</html>
<script type="text/javascript" src="jquery-1.11.1.js"></script>
<script type="text/javascript" >
    //查看原始 XML 文档
    function view_XML() {
        var xhttp = new XMLHttpRequest();
```

```
        xhttp.open("post","http://localhost:1007/readXML",true);
        xhttp.onreadystatechange = function () {
            if (xhttp.status == 200 && xhttp.readyState == 4) {
                alert(xhttp.responseText);
            }
        }
        xhttp.send();
    }
    //查看格式化 XML 文档
    function view_formatXML() {
        var xhttp = new XMLHttpRequest();
        xhttp.open("post", "http://localhost:1007/readXMLToTable", true);
        xhttp.onreadystatechange = function () {
            if (xhttp.status == 200 && xhttp.readyState == 4) {
              $("#result").html(xhttp.responseText);
            }
        }
        xhttp.send();
    }
</script>
```

10.4.2 后台主服务程序实现

后台主服务程序 server.js 实现代码如下：

```
//JavaScript 源码
//----------请将这个文件保存为 Unicode 格式，否则很麻烦-------------
const http_obj = require("http");//用于产生服务对象
const fs_obj = require("fs");//读写后台文件
const url_tran_obj = require("url");//解释 URL

const server = http_obj.createServer(function (request, response) {
        //请求路径处理
        var req_str = decodeURI(request.url);
        var req_head;
        var POS = req_str.indexOf("?");
        if (POS == -1) { req_head = req_str; }
        else { req_head = req_str.substring(0, POS); }
        //设置查询对象
        var url_obj = url_tran_obj.parse(req_str, true);
        var Q_obj = url_obj.query;
        //设置响应头
        response.setHeader("Content-Type", "text/plain;charset=utf-8");
```

```
        response.setHeader("Access-Control-Allow-Origin", "*");//实现跨域访问
        response.writeHead(200);
        //引入并初始化服务对象
       require("./10/server/server_10.js")(request,  response,  req_head,
Q_obj, fs_obj);
    });
    server.listen(1007);
    console.log("Server is running at port 1007...");
```

10.4.3　后台子服务程序实现

后台子服务程序 server_10.js 实现代码如下：

```
    function server_10(request, response, req_head, Q_obj, fs_obj) {
        if (req_head == "/readXML_10") {
            //代码 1
            fs_obj.readFile("./10/data/books.xml",  "utf-8",  function  (err,
data) {
                if (err) { response.end(err.toString()); }
                else { response.end(data); }
            });
        }
        if (req_head == "/readXMLToTable_10") {
            //代码 2
            fs_obj.readFile("./10/data/books.xml",  "utf-8",  function  (err,
data) {
                if (err) { response.end(err.toString()); }
                else {
                    var temp = data.replace("<books>", "<table border='1'><tr><th>
书号</th><th>书名</th><th>价格</th></tr>");
                    temp = temp.replace("</books>", "</table>");
                    temp = temp.replace(/<book>/g, "<tr>");
                    temp = temp.replace(/<[/]book>/g, "</tr>");
                    temp = temp.replace(/(<ISBN>|<title>|<price>)/g, "<td>");
                    temp  =  temp.replace(/(<[/]ISBN>|<[/]title>|<[/]price>)/g,
"</td>");
                    response.end(temp);
                }
            });
        }
    }
    module.exports = server_10
```

10.4.4 实现效果

查看原始 XML 文档的实现效果如图 10.5 所示。

图 10.5 查看原始 XML 文档的实现效果

查看格式化 XML 文档（表格化）的实现效果如图 10.6 所示。

图 10.6 查看格式化 XML 文档的实现效果

10.5 问题思考

问题提出：基于 NodeJS 后台服务的轻量级三层软件架构开发的技术要点是什么？

问题思考：

（1）创建 3 个相对独立的文件夹（如 UI、server、data）。

（2）将只关注数据可视化的文件存放在 UI 文件夹中；将只关注后台数据二次加工的业务逻辑文件存放在 server 文件夹中；将只关注原始数据存储的文件存放在 data 文件夹中。

（3）基于三层软件架构的独立功能模块设计、实现及调试（UI 所呈现的功能模块与 server 业务逻辑功能模块形成对应关系）。

（4）基于三层软件架构的集成功能调试及发布。

10.6　仿真实训

给定如下 XML 文档：

```
<?xml version="1.0" encoding="utf-8"?>
<students>
    <student category="new_student">
        <s_id>8475484848</s_id>
        <s_name>Max</s_name>
        <age>18</age>
    </student>
    <student>
        <s_id>35235348</s_id>
        <s_name>Jack</s_name>
        <age>20</age>
    </student>
    <student>
        <s_id>67676348</s_id>
        <s_name>Json</s_name>
        <age>21</age>
    </student>
    <student>
        <s_id>27974348</s_id>
        <s_name>Rose</s_name>
        <age>19</age>
    </student>
</students>
```

提出如下设计需求：

（1）设计合适的 NodeJS 后台服务程序，该程序可读取后台 XML 文档，将 XML 文本数据返回给前端。

（2）设计合适的 NodeJS 后台服务程序，该程序可读取后台 XML 文档，将 XML 文本数据格式化为表格形式的字符串并返回给前端。

（3）以上应用均基于三层软件架构。

（4）仿真本章案例功能，完成以上设计。

10.7 关于三层软件架构

三层软件架构因其低耦合性、可重用、标准化定义、良好的可伸缩性及可维护性而被广泛应用于软件开发领域。在当今软件开发领域，面向对象分析方法是最典型、最常用的方法，该方法认为系统是自包含的对象集合[1]。因此，在面向对象软件开发中，需要解决的核心问题是定义系统对象。然而，类是产生对象的通用模板，所以很显然，在面向对象软件开发中，需要解决的首要问题是定义系统中的类。在系统分析阶段，类可以被划分为实体类、控制类（用于描述一个或多个用例行为建模方式）、接口类[2]。由于用例是一系列行为活动的描述[3]，因此控制类是直接关系到软件功能实现的类。在软件分析和设计过程中，控制类的设计是一个非常重要的阶段。

三层软件架构是一种客户端-服务端架构，在三层软件架构中，用户界面、功能处理逻辑、计算机数据存取是作为相对独立的模块进行开发和维护的[4]。在这一架构中，表示层、业务逻辑层和数据访问层在逻辑上是相对独立的，并且运行在不同的处理器上[5]。用户接口又称表示层[6]；业务逻辑层是实现特定功能的核心层；数据访问层是从数据库中获取数据并向业务逻辑层提供数据的类模块[7]。在三层软件架构中，客户端一般不直接访问数据库，但可以借助位于中间层的 COM / DCOM 建立与后台的连接。也就是说，客户端与数据库服务器的交互是通过业务逻辑层的中间层来实现的[8]。

三层软件架构中的数据存取之所以有良好的安全保障，在很大程度上是因为实现了层的分离[9]。图 10.7 描述了三层软件架构的逻辑结构。

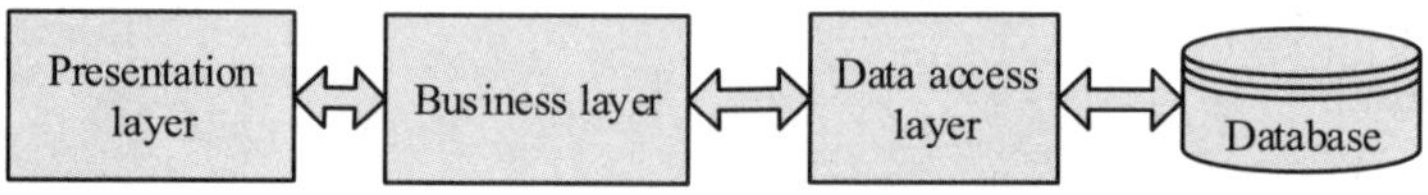

图 10.7　三层软件架构的逻辑结构

图 10.7 表明，表示层（Presentation layer）可以直接与业务逻辑层（Business layer）通信；业务逻辑层可以直接与数据访问层（Data access layer）通信。事实上，层与层之间的通信是通过对象交互实现的。

第 11 章 基于三层软件架构的 XML 数据分页浏览设计

11.1 设计需求

给定如下 XML 文档：

```
<?xml version="1.0" encoding="utf-8"?>
<table border="1" id="books">
    <tr style="background-color:greenyellow">
        <th id="ISBN">书号</th>
        <th id="title">书名</th>
        <th id="price">价格</th>
    </tr>
    <tr>
        <td>5744885</td>
        <td>Java programming</td>
        <td>80</td>
    </tr>
    <tr>
        <td>2323885</td>
        <td>C# programming</td>
        <td>87</td>
    </tr>
    <tr>
        <td>8888</td>
        <td>Python programming</td>
        <td>68</td>
    </tr>
    <tr>
        <td>8767885</td>
        <td>NodeJS</td>
```

```
        <td>90</td>
    </tr>
    <tr>
        <td>r64547565647689</td>
        <td>C++ programming</td>
        <td>68</td>
    </tr>
    <tr>
        <td>45634748758478</td>
        <td>MongoDB</td>
        <td>90</td>
    </tr>
    <tr>
        <td>675665647689</td>
        <td>operation system</td>
        <td>68</td>
    </tr>
    <tr>
        <td>2342353758478</td>
        <td>XML 技术</td>
        <td>90</td>
    </tr>
    </table>
```

提出如下设计需求：

（1）设计合适的用户接口，用户可以自定义页面大小（每页显示的图书条目数量）。

（2）基于选定的页面大小，用户可以选择性地浏览“最前页”“最后页”“上一页”“下一页”。

（3）基于三层软件架构读取 XML 文档。

11.2　设计分析

11.2.1　功能分析

测试用户期望功能如下：

（1）定义页面大小（每页显示的记录数量）。

（2）浏览最前一页。

（3）浏览最后一页。

（4）浏览当前页前一页。

（5）浏览当前页后一页。

测试用户用例建模如图 11.1 所示。

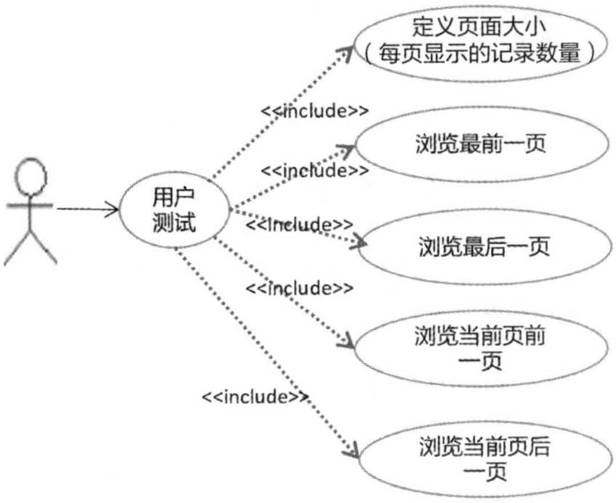

图 11.1　测试用户用例建模

11.2.2　核心业务数据流分析

核心业务流程描述如下：

（1）当加载页面时，服务框架读取 XML 源文件并以 XML 文本数据的形式返回给前端。

（2）将 XML 文本数据转换为 XML 文档对象并保存为全局变量。

（3）用户自定义页面大小（每页显示的记录数量）。

（4）XML 文档对象、页面大小、页面总数、当前浏览页面号、数据输出容器 div 作为参数，经分页处理程序处理后生成可视分页结果。

核心业务数据流建模如图 11.2 所示。

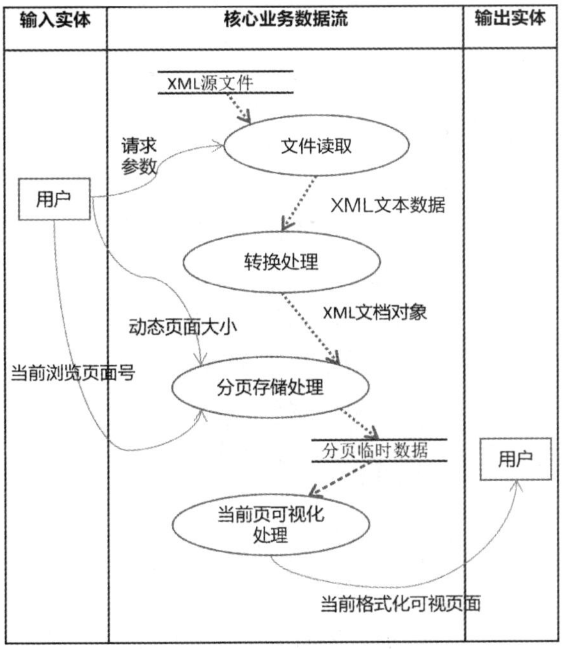

图 11.2　核心业务数据流建模

11.2.3 包及文件设计分析

基于三层软件架构视角的包及文件设计如表 11.1 所示。

表 11.1 包及文件设计

序号	包设计	文件设计
1	设计表示层包（包名为 UI），相当于表示层文件容器	（1）设计用户界面主页文件 main.html。 （2）设计自定义文件 XML_page.js（主页引入，用于分页浏览）。 （3）主页引入 jQuery 框架（jquery-1.11.1.js），辅助表示层处理
2	设计业务逻辑层包（包名为 server），相当于业务逻辑层文件容器	（1）设计通用业务逻辑服务文件 server.js。 （2）设计当前模块专用业务逻辑服务文件 server_11.js
3	设计数据层包（包名为 data），相当于数据层文件容器	设计 XML 数据测试文件 books.xml

包及文件关系建模如图 11.3 所示。

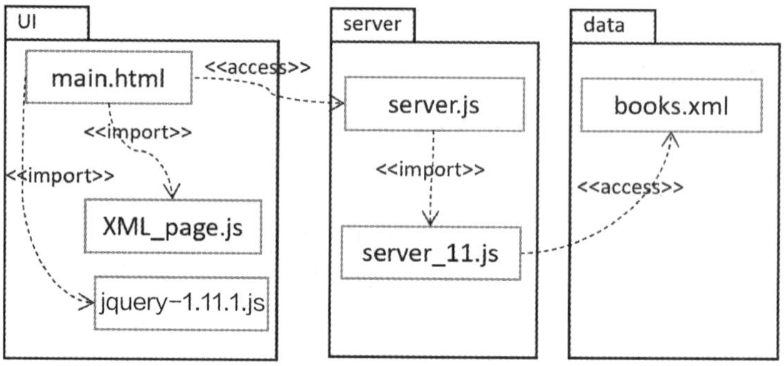

图 11.3 包及文件关系建模

11.3 文件架构

基于以上分析，本案例的文件架构如图 11.4 所示。

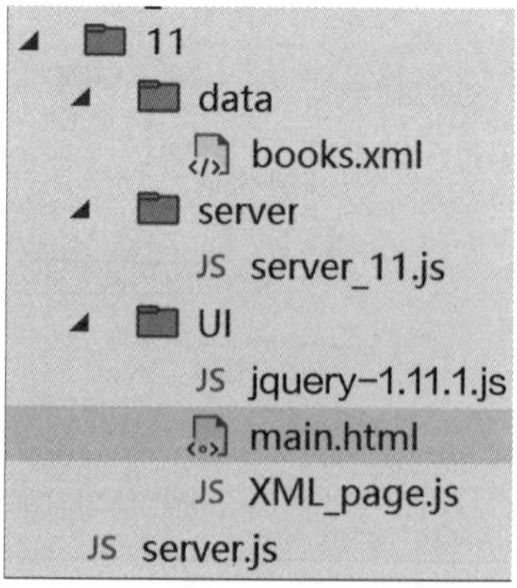

图 11.4 文件架构

文件（夹）功能说明如表 11.2 所示。

表 11.2　文件（夹）功能说明

序号	文件（夹）名	功能说明
1	books.xml	存放用于测试的 XML 基础数据
2	main.html	实现人机交互的用户界面主页
3	server.js	NodeJS 后台通用业务逻辑服务程序（后台主服务程序），动态引入 server_11.js 模块
4	XML_page.js	包含 XML 数据分页浏览自定义函数
5	jquery-1.11.1.js	加载 jQuery 函数库，辅助表示层数据可视化
6	UI	存放表示层文件
7	server	存放业务逻辑层文件
8	data	存放 XML 数据文件
9	server_11.js	当前模块专用业务逻辑服务程序（后台子服务程序）
10	11	存放文件夹 UI、server、data

说明：为了让通用业务逻辑服务多个项目，将 server.js 文件放置在上述所有文件夹外围。

11.4　代码实现

11.4.1　主页实现

主页文件 main.html 实现代码如下：

```
<html lang="en" xmlns="http://www.w3.org/1999/xhtml">
<head>
    <meta charset="utf-8" />
    <title></title>
</head>
<body>
    <h3>XML 数据浏览测试</h3>
    <hr />
    【<span style="background-color:black;color:white">页面大小（每页显示记录
</span>
    <select id="p_size" disabled="disabled" onchange='pagesize_change
(xmldom, "p_size", "p_count","p_current", "result" )'>
        <option>3</option>
        <option>6</option>
        <option>9</option>
    </select><span style="background-color:black;color:white">条)；</span>
    共<input readonly="readonly" id="p_count" type="text" style="width:
```

```
60px" />页;
        当前是第<input readonly="readonly" id="p_current" type="text"  value=
"1" style="width:60px"/>页】
        <hr />
        <input class="op_but" disabled="disabled" type="button" value="最前页"
onclick='first_page(xmldom, "p_size", "p_count","p_current", "result" )'  />
        <input class="op_but" disabled="disabled" type="button" value="上一页"
onclick='prior_page(xmldom, "p_size", "p_count","p_current", "result" )' />
        <input class="op_but" disabled="disabled" type="button" value="下一页"
onclick='next_page(xmldom, "p_size", "p_count","p_current", "result" )' />
        <input class="op_but" disabled="disabled" type="button" value="最后页"
onclick='last_page(xmldom, "p_size", "p_count","p_current", "result" )' />
        <hr />
        <div id="result">
        </div>
    </body>
    </html>
    <script type="text/javascript" src="/jquery-1.11.1.js"></script>
    <script type="text/javascript" src="XML_page.js"></script>
    <script type="text/javascript" >

        //初始化，按默认参数显示图书信息
        var xmldom;
        $(document).ready(function () {
            var xhr = new XMLHttpRequest();
            xhr.open("post", "http://localhost:1017/viewAllbooks_11", true);
            xhr.onreadystatechange = function () {
                if (xhr.status == 200 && xhr.readyState == 4) {
                    xmldom = $.parseXML(xhr.responseText);
                    var book_count = xmldom.getElementsByTagName("tr").length - 1;
                    var page_size = parseInt($("#p_size option:selected").
text());
                    var page_count = Math.ceil(book_count / page_size);
                    $("#p_count").val(page_count);
                    $("#p_size").attr("disabled", false);
                    $(".op_but").attr("disabled", false);
                    display_cur_page(xmldom, "p_size", "p_count", "p_current",
"result");
                }
            }
            xhr.send();
        });
    </script>
```

11.4.2　自定义 JavaScript 文件实现

XML_page.js 文件实现了 XML 分页功能，其实现代码如下：

```
//重要说明
//xmldom：XML 文档对象
//page_size_id：调整页面大小的下拉列表
//page_count_id：显示页面总数
//page_current_id：当前正在浏览的页面号
//result_div_id：输出结果的 div

//显示当前页数据
function display_cur_page(xmldom, page_size_id, page_count_id, page_current_id, result_div_id) {
    var page_size = parseInt($("#" + page_size_id).val());
    var cur_page = parseInt($("#" + page_current_id).val());

    var begin_pos = (cur_page - 1) * page_size + 1;
    var end_pos = cur_page * page_size;
    var max_page = parseInt($("#" + page_count_id).val());
    var trs = xmldom.getElementsByTagName("tr");
    if (cur_page == max_page) { end_pos = trs.length - 1; }

    var table_str = "<table border='1'>";
    table_str += trs[0].outerHTML;
    for (var k = begin_pos; k <= end_pos; k++) {
        table_str += trs[k].outerHTML;
    }
    table_str += "</table>";
    $("#" + result_div_id).html(table_str);
}

//当页面大小发生变化时
function pagesize_change(xmldom, page_size_id, page_count_id, page_current_id, result_div_id) {
    var book_count = xmldom.getElementsByTagName("tr").length - 1;
    var page_size = parseInt($("#" + page_size_id + " option:selected").text());
    var page_count = Math.ceil(book_count / page_size);
    $("#" + page_count_id).val(page_count);
```

```
        $("#" + page_current_id).val("1");

        display_cur_page(xmldom, page_size_id, page_count_id, page_current_id,
result_div_id);
    }

    //下一页
    function next_page(xmldom, page_size_id, page_count_id, page_current_id,
result_div_id) {
        var page_count = parseInt($("#" + page_count_id).val());
        var cu_page = parseInt($("#" + page_current_id).val());
        cu_page++;
        if (cu_page > page_count) { alert("已到最后一页"); return; }
        else {
            $("#" + page_current_id).val(cu_page);
            display_cur_page(xmldom, page_size_id, page_count_id, page_current_id,
result_div_id);
        }
    }

    //上一页
    function prior_page(xmldom, page_size_id, page_count_id, page_current_id,
result_div_id) {

        var cu_page = parseInt($("#" + page_current_id).val());
        cu_page--;
        if (cu_page == 0) { alert("已到最前一页"); return; }
        else {
            $("#" + page_current_id).val(cu_page);
            display_cur_page(xmldom, page_size_id, page_count_id, page_current_id,
result_div_id);
        }
    }

    //最前页
    function first_page(xmldom, page_size_id, page_count_id, page_current_id,
result_div_id) {
        $("#" + page_current_id).val("1");
        display_cur_page(xmldom, page_size_id, page_count_id, page_current_id,
result_div_id);
    }
```

```
    //最后页
    function last_page(xmldom, page_size_id, page_count_id, page_current_id,
result_div_id) {
        var page_count = parseInt($("#" + page_count_id).val());
        $("#" + page_current_id).val(page_count);
        display_cur_page(xmldom, page_size_id, page_count_id, page_current_id,
result_div_id);
    }
```

11.4.3　后台主服务程序实现

后台主服务程序 server.js 实现代码如下：

```
    //JavaScript 源码
    //----------请将这个文件保存为 Unicode 格式，否则很麻烦-------------
    const http_obj = require("http");//用于产生服务对象
    const fs_obj = require("fs");//读写后台文件
    const url_tran_obj = require("url");//解释 URL

    const server = http_obj.createServer(function (request, response) {
        //请求路径处理
        var req_str = decodeURI(request.url);
        var req_head;
        var POS = req_str.indexOf("?");
        if (POS == -1) { req_head = req_str; }
        else { req_head = req_str.substring(0, POS); }
        //设置查询对象
        var url_obj = url_tran_obj.parse(req_str, true);
        var Q_obj = url_obj.query;
        //设置响应头
        response.setHeader("Content-Type", "text/plain;charset=utf-8");
        response.setHeader("Access-Control-Allow-Origin", "*");//实现跨域访问
        response.writeHead(200);

        //引入并初始化服务对象
      require("./11/server/server_11.js")(request, response, req_head, Q_obj,
fs_obj);
    });

    server.listen(1007);
    console.log("Server is running at port 1007...");
```

11.4.4　后台子服务程序实现

后台子服务程序 server_11.js 实现代码如下：

```
function server_11(request, response, req_head, Q_obj, fs_obj) {
    if (req_head == "/viewAllbooks_11") {
        fs_obj.readFile("./11/data/books.xml",  "utf-8",  function  (err,
data) {
            if (err) { response.end(err); }
            else { response.end(data); }
        });
    }
}
module.exports = server_11
```

11.4.5　实现效果

实现效果如图 11.5 所示。

图 11.5　实现效果

11.5　仿真实训

给定如下 XML 文档：

```
<?xml version="1.0" encoding="utf-8"?>
<table border="1" id="books">
    <tr style="background-color:greenyellow">
        <th id="s_id">学号</th>
        <th id="name">姓名</th>
```

```
        <th id="age">年龄</th>
    </tr>
    <tr>
        <td>5744885</td>
        <td>Max</td>
        <td>18</td>
    </tr>
    <tr>
        <td>2323885</td>
        <td>Jack</td>
        <td>17</td>
    </tr>
    <tr>
        <td>8888</td>
        <td>Roseg</td>
        <td>18</td>
    </tr>
    <tr>
        <td>8767885</td>
        <td>Json</td>
        <td>19</td>
    </tr>
    <tr>
        <td>64547565647689</td>
        <td>张三</td>
        <td>16</td>
    </tr>
    <tr>
        <td>45634748758478</td>
        <td>李四</td>
        <td>19</td>
    </tr>
    <tr>
        <td>675665647689</td>
        <td>王五</td>
        <td>18</td>
    </tr>
    <tr>
        <td>2342353758478</td>
        <td>刘六</td>
        <td>20</td>
    </tr>
</table>
```

提出如下设计需求：

（1）设计合适的用户接口，用户可以自定义页面大小（每页显示的学生条目数量）。

（2）基于选定的页面大小，用户可以选择性地浏览“最前页”“最后页”“上一页”“下一页”。

（3）基于三层软件架构读取 XML 文档。

（4）仿真本章案例功能，完成以上设计。

12 第 12 章 基于表格内嵌式排序的 XML 数据分页浏览

12.1 设计需求

给定如下 XML 文档：

```
<?xml version="1.0" encoding="utf-8"?>
<table border="1" id="books">
    <tr style="background-color:greenyellow">
        <th id="ISBN">书号</th>
        <th id="title">书名</th>
        <th id="price">价格</th>
    </tr>
    <tr>
        <td>5744885</td>
        <td>Java programming</td>
        <td>80</td>
    </tr>
    <tr>
        <td>2323885</td>
        <td>C# programming</td>
        <td>87</td>
    </tr>
    <tr>
        <td>8888</td>
```

```
        <td>Python programming</td>
        <td>68</td>
    </tr>
    <tr>
        <td>8767885</td>
        <td>NodeJS</td>
        <td>90</td>
    </tr>
    <tr>
        <td>r64547565647689</td>
        <td>C++ programming</td>
        <td>68</td>
    </tr>
    <tr>
        <td>45634748758478</td>
        <td>MongoDB</td>
        <td>90</td>
    </tr>
    <tr>
        <td>675665647689</td>
        <td>operation system</td>
        <td>68</td>
    </tr>
    <tr>
        <td>2342353758478</td>
        <td>XML 技术</td>
        <td>90</td>
    </tr>
    </table>
```

提出如下设计需求：

（1）设计合适的用户接口，用户可以自定义页面大小（每页显示的图书条目数量）。

（2）基于选定的页面大小，用户可以选择性地浏览“最前页”“最后页”“上一页”“下一页”。

（3）基于三层软件架构读取 XML 文档。

（4）在单页中，可以按价格进行降序或升序浏览。

（5）降序或升序的交互操作在表格内部进行。

12.2　设计分析

12.2.1　功能分析

测试用户期望功能如下：

（1）定义页面大小（每页显示的记录数量）。

（2）浏览最前一页。

（3）浏览最后一页。

（4）浏览当前页前一页。

（5）浏览当前页后一页。

（6）测试用户可以选择降序或升序浏览当前页。

测试用户用例建模如图 12.1 所示。

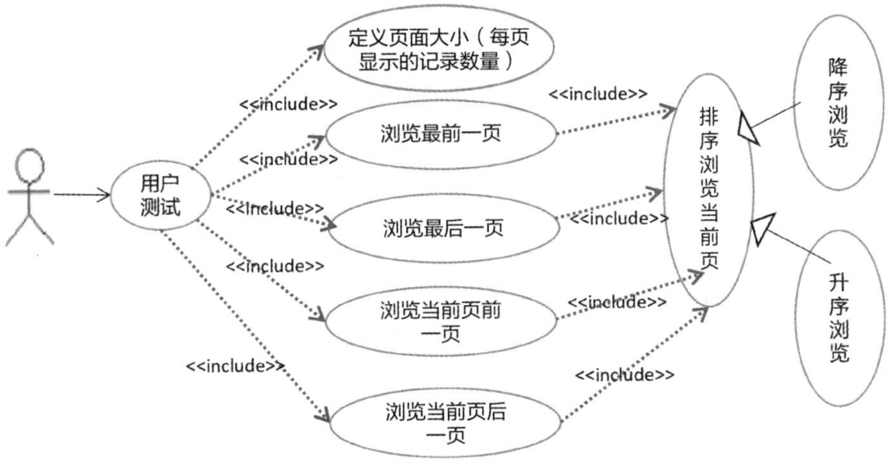

图 12.1　测试用户用例建模

12.2.2　核心业务数据流分析

核心业务描述如下：

（1）当加载页面时，服务框架读取 XML 源文件并以 XML 文本数据的形式返回给前端。

（2）将 XML 文本数据转换为 XML 文档对象并保存为全局变量。

（3）用户自定义页面大小（每页显示的记录数量）。

（4）XML 文档对象、页面大小、页面总数、当前浏览页面号、数据输出容器 div 作为参数，经分页处理程序处理后生成可视分页结果。

（5）用户在当前页中选择降序或升序选项，浏览当前页排序数据。

核心业务数据流建模如图 12.2 所示。

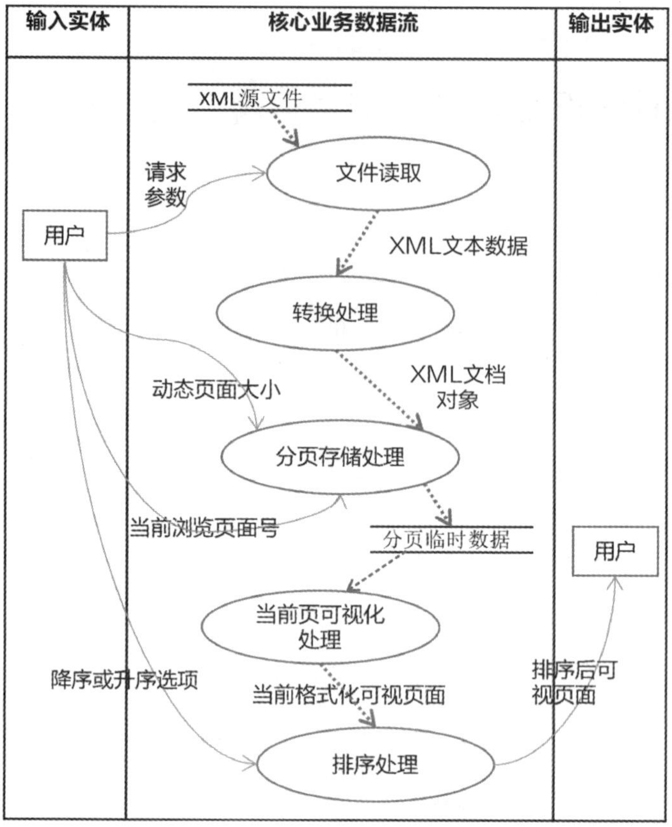

图 12.2　核心业务数据流建模

12.2.3　包及文件设计分析

基于三层软件架构视角的包及文件设计如表 12.1 所示。

表 12.1　包及文件设计

序号	包设计	文件设计
1	设计表示层包（包名为 UI），相当于表示层文件容器	（1）设计用户界面主页文件 main.html。 （2）设计自定义文件 XML_page.js（主页引入，用于分页浏览）。 （3）设计自定义文件 XSLT.js（用于绑定 XML 文档对象与 XSLT 文档对象）。 （4）主页引入 jQuery 框架（jquery-1.11.1.js），辅助表示层处理。 （5）设计 D.xslt 文件，辅助格式化 XML 数据降序排列。 （6）设计 A.xslt 文件，辅助格式化 XML 数据升序排列
2	设计业务逻辑层包（包名为 server），相当于业务逻辑层文件容器	（1）设计通用业务逻辑服务文件 server.js。 （2）设计当前模块专用业务逻辑服务文件 server_12.js
3	设计数据层包（包名为 data），相当于数据层文件容器	设计 XML 数据测试文件 books.xml

包及文件关系建模如图 12.3 所示。

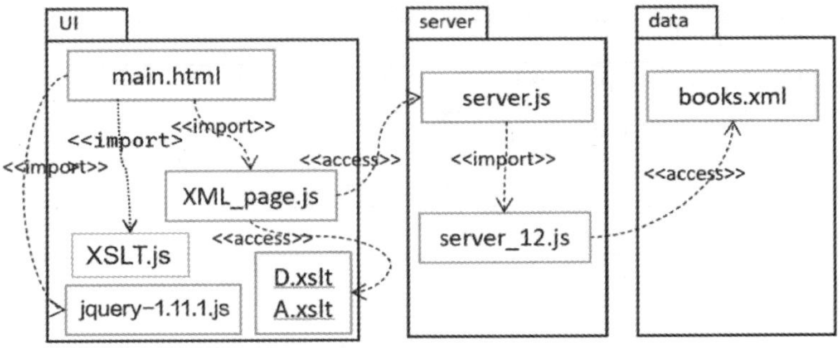

图 12.3　包及文件关系建模

12.3　文件架构

基于以上分析，本案例的文件架构如图 12.4 所示。

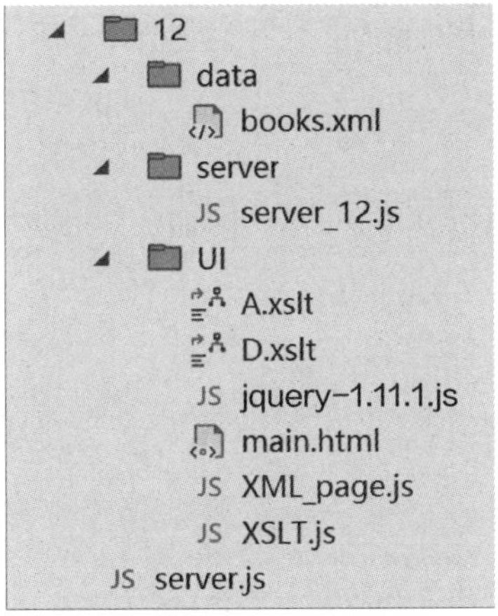

图 12.4　文件架构

文件（夹）功能说明如表 12.2 所示。

表 12.2　文件（夹）功能说明

序号	文件（夹）名	功能说明
1	books.xml	存放用于测试的 XML 基础数据
2	main.html	实现人机交互的用户界面主页
3	XSLT.js	自定义框架，可实现将 XSLT 文档对象与 XML 文档对象绑定并输出格式化数据的功能
4	server.js	NodeJS 后台通用业务逻辑服务程序（后台主服务程序），动态引入 server_12.js 模块
5	XML_page.js	包含 XML 数据分页浏览自定义函数
6	jquery-1.11.1.js	加载 jQuery 函数库，辅助表示层数据可视化
7	D.xslt、A.xslt	包含降序及升序逻辑
8	UI	存放表示层文件

续表

序号	文件（夹）名	功能说明
9	server	存放业务逻辑层文件
10	data	存放 XML 数据文件
11	server_12.js	当前模块专用业务逻辑服务程序（后台子服务程序）
12	12	存放文件夹 UI、server、data

说明：为了让通用业务逻辑服务多个项目，将 server.js 文件放置在上述所有文件夹外围。

12.4 代码实现

12.4.1 主页实现

主页文件 main.html 实现代码如下：

```
<!DOCTYPE html>
<html lang="en" xmlns="http://www.w3.org/1999/xhtml">
<head>
    <meta charset="utf-8" />
    <title></title>
    <style>
        .order_span{
            cursor:pointer;
            font-size:8pt;
            font-weight:400;
            padding:3px;
        }
    </style>
</head>
<body>
    <h3>XML 数据浏览测试</h3>
    <hr />
    【<span style="background-color:black;color:white">页面大小（每页显示记录
</span>
    <select id="p_size"  disabled="disabled"  onchange='pagesize_change
(xmldom, "p_size", "p_count","p_current", "result" )'>
        <option>3</option>
        <option>6</option>
        <option>9</option>
    </select><span style="background-color:black;color:white">条)；</span>
    共<input readonly="readonly" id="p_count" type="text" style="width:
60px" />页；
    当前是第<input readonly="readonly" id="p_current" type="text"  value=
"1" style="width:60px"/>页】
```

```
        <hr />
        <input class="op_but" disabled="disabled" type="button" value="最前页"
onclick='first_page(xmldom, "p_size", "p_count","p_current", "result" )'  />
        <input class="op_but" disabled="disabled" type="button" value="上一页"
onclick='prior_page(xmldom, "p_size", "p_count","p_current", "result" )' />
        <input class="op_but" disabled="disabled" type="button" value="下一页"
onclick='next_page(xmldom, "p_size", "p_count","p_current", "result" )' />
        <input class="op_but" disabled="disabled" type="button" value="最后页"
onclick='last_page(xmldom, "p_size", "p_count","p_current", "result" )' />
        <hr />
        <div id="result">
        </div>
    </body>
    </html>
    <script type="text/javascript" src="jquery-1.11.1.js"></script>
    <script type="text/javascript" src="XML_page.js"></script>
    <script type="text/javascript" src="XSLT.js"></script>
    <script type="text/javascript" >

        //初始化，按默认参数显示图书信息
        var xmldom;
        $(document).ready(function () {
            var xhr = new XMLHttpRequest();
            xhr.open("post", "http://localhost:1017/viewAllbooks_12", true);
            xhr.onreadystatechange = function () {
                if (xhr.status == 200 && xhr.readyState == 4) {
                    xmldom = $.parseXML(xhr.responseText);
                    var book_count = xmldom.getElementsByTagName("tr").length - 1;
                    var page_size = parseInt($("#p_size option:selected").
text());
                    var page_count = Math.ceil(book_count / page_size);
                    $("#p_count").val(page_count);
                    $("#p_size").attr("disabled", false);
                    $(".op_but").attr("disabled", false);
                    display_cur_page(xmldom, "p_size", "p_count", "p_current",
"result");
                }
            }
            xhr.send();
        });

        //价格降序
        function dd_view() {
            $.get("D.xslt", function (xsldom) {
```

```
                var cur_XMLtext = $("#result").html().replace("<tbody>",
"").replace("</tbody>", "");
                var cur_xmldom = $.parseXML(cur_XMLtext);
                displayXML(cur_xmldom, xsldom, "result");
            }, "xml");
        }

        //价格升序
        function aa_view() {
            $.get("A.xslt", function (xsldom) {
                var cur_XMLtext = $("#result").html().replace("<tbody>", "").
replace("</tbody>", "");
                var cur_xmldom = $.parseXML(cur_XMLtext);
                displayXML(cur_xmldom, xsldom, "result");
            }, "xml");
        }
    </script>
```

12.4.2 自定义 JavaScript 文件实现

1. 自定义分页逻辑

XML_page.js 文件实现了 XML 分页功能，其实现代码如下：

```
    //xmldom：XML 文档对象
    //page_size_id：调整页面大小的下拉列表
    //page_count_id：显示页面总数
    //page_current_id：当前正在浏览的页面号
    //result_div_id：输出结果的 div

    //显示当前页数据
    function display_cur_page(xmldom, page_size_id, page_count_id, page_
current_id, result_div_id) {
        var page_size = parseInt($("#" + page_size_id).val());
        var cur_page = parseInt($("#" + page_current_id).val());

        var begin_pos = (cur_page - 1) * page_size + 1;
        var end_pos = cur_page * page_size;
        var max_page = parseInt($("#" + page_count_id).val());
        var trs = xmldom.getElementsByTagName("tr");
        if (cur_page == max_page) { end_pos = trs.length - 1; }

        var table_str = "<table border='1'>";
        table_str += trs[0].outerHTML;
```

```
        for (var k = begin_pos; k <= end_pos; k++) {
            table_str += trs[k].outerHTML;
        }
        table_str += "</table>";
        $("#" + result_div_id).html(table_str);
    }

    //当页面大小发生变化时
    function pagesize_change(xmldom, page_size_id, page_count_id, page_
current_id, result_div_id) {
        var book_count = xmldom.getElementsByTagName("tr").length - 1;
        var page_size = parseInt($("#" + page_size_id + " option:selected").
text());
        var page_count = Math.ceil(book_count / page_size);
        $("#" + page_count_id).val(page_count);
        $("#" + page_current_id).val("1");

        display_cur_page(xmldom, page_size_id, page_count_id, page_current_
id, result_div_id);
    }

    //下一页
    function next_page(xmldom, page_size_id, page_count_id, page_current_id,
result_div_id) {
        var page_count = parseInt($("#" + page_count_id).val());
        var cu_page = parseInt($("#" + page_current_id).val());
        cu_page++;
        if (cu_page > page_count) { alert("已到最后一页"); return; }
        else {
            $("#" + page_current_id).val(cu_page);
            display_cur_page(xmldom, page_size_id, page_count_id, page_current_id,
result_div_id);
        }
    }

    //上一页
    function prior_page(xmldom, page_size_id, page_count_id, page_current_id,
result_div_id) {

        var cu_page = parseInt($("#" + page_current_id).val());
        cu_page--;
        if (cu_page == 0) { alert("已到最前一页"); return; }
        else {
```

```
            $("#" + page_current_id).val(cu_page);
            display_cur_page(xmldom, page_size_id, page_count_id, page_current_id,
result_div_id);
        }
    }

    //最前页
    function first_page(xmldom, page_size_id, page_count_id, page_current_id,
result_div_id) {
        $("#" + page_current_id).val("1");
        display_cur_page(xmldom, page_size_id, page_count_id, page_current_id,
result_div_id);
    }

    //最后页
    function last_page(xmldom, page_size_id, page_count_id, page_current_id,
result_div_id) {
        var page_count = parseInt($("#" + page_count_id).val());
        $("#" + page_current_id).val(page_count);
        display_cur_page(xmldom, page_size_id, page_count_id, page_current_id,
result_div_id);
    }
```

2. 自定义 XML 文档对象与 XSLT 文档对象绑定逻辑

XSLT.js 文件实现了 XSLT 文档对象与 XML 文档对象绑定并输出格式化数据的功能，其实现代码如下：

```
    //以下是 XSLT 文件格式化 XML 数据并输出结果到 div 中
    function displayXML(xml, xsl, div_id) {
        //针对 IE 浏览器的代码
        if (window.ActiveXObject) {
            ex = xml.transformNode(xsl);
            document.getElementById(div_id).innerHTML = "";
            document.getElementById(div_id).innerHTML = ex;
        }
        //针对 Chrome、Firefox、Opera 等浏览器的代码
        else if (document.implementation && document.implementation.
createDocument) {
            xsltProcessor = new XSLTProcessor();
            xsltProcessor.importStylesheet(xsl);
            resultDocument = xsltProcessor.transformToFragment(xml, document);
            document.getElementById(div_id).innerHTML = "";
            document.getElementById(div_id).appendChild(resultDocument);
```

```
        }
    }
```

12.4.3 后台服务实现

1. 后台主服务程序实现

后台主服务程序 server.js 实现代码如下：

```
    //JavaScript 源码
    //----------请将这个文件保存为 Unicode 格式，否则很麻烦-------------
    const http_obj = require("http");//用于产生服务对象
    const fs_obj = require("fs");//读写后台文件
    const url_tran_obj = require("url");//解释 URL

    const server = http_obj.createServer(function (request, response) {
        //请求路径处理
        var req_str = decodeURI(request.url);
        var req_head;
        var POS = req_str.indexOf("?");
        if (POS == -1) { req_head = req_str; }
        else { req_head = req_str.substring(0, POS); }
        //设置查询对象
        var url_obj = url_tran_obj.parse(req_str, true);
        var Q_obj = url_obj.query;
        //设置响应头
        response.setHeader("Content-Type", "text/plain;charset=utf-8");
        response.setHeader("Access-Control-Allow-Origin", "*");//实现跨域访问
        response.writeHead(200);

        //引入并初始化服务对象
        require("./12/server/server_12.js")(request, response, req_head, Q_obj,
fs_obj);
    });
    server.listen(1007);
    console.log("Server is running at port 1007...");
```

2. 后台子服务程序实现

后台子服务程序 server_12.js 实现代码如下：

```
    function server_12(request, response, req_head, Q_obj, fs_obj) {
        if (req_head == "/viewAllbooks_12") {
            fs_obj.readFile("./12/data/books.xml", "utf-8", function (err, data) {
                if (err) { response.end(err); }
```

```
            else { response.end(data); }
        });
    }
}
module.exports =  server_12
```

12.4.4 XSLT 文件实现

1. 降序 XSLT 文件代码

D.xslt 文件实现了将 XML 数据转换为一个带有降序功能的 HTML 表格，其实现代码如下：

```
<?xml version="1.0" encoding="utf-8"?>
<xsl:stylesheet version="1.0" xmlns:xsl="http://www.w3.org/1999/XSL/
Transform">
    <xsl:template match="/">
        <table border="1" id="books">
            <tr style="background-color:greenyellow">
                <th id="ISBN">书号</th>
                <th id="title">书名</th>
                <th id="price">
                    价格
                <span class="order_span" onclick="dd_view()">降序</span>
                <span class="order_span" onclick="aa_view()">升序</span>
                </th>
            </tr>
            <xsl:for-each select="table/tr[position()>1]">
                <xsl:sort select="td[3]"  order="descending" data-type=
"number"/>
                <tr>
                    <td>
                        <xsl:value-of select="td[1]"/>
                    </td>
                    <td>
                        <xsl:value-of select="td[2]"/>
                    </td>
                    <td>
                        <xsl:value-of select="td[3]"/>
                    </td>
                </tr>
            </xsl:for-each>

        </table>
    </xsl:template>
</xsl:stylesheet>
```

2. 升序 XSLT 文件代码

A.xslt 文件实现了将 XML 数据转换为一个带有升序功能的 HTML 表格，其实现代码如下：

```
<?xml version="1.0" encoding="utf-8"?>
<xsl:stylesheet version="1.0" xmlns:xsl="http://www.w3.org/1999/XSL/
Transform">
    <xsl:template match="/">
        <table border="1" id="books">
            <tr style="background-color:greenyellow">
                <th id="ISBN">书号</th>
                <th id="title">书名</th>
                <th id="price">
                    价格
                <span class="order_span" onclick="dd_view()">降序</span>
                <span class="order_span" onclick="aa_view()">升序</span>
                </th>
            </tr>
            <xsl:for-each select="table/tr[position()>1]">
                <xsl:sort select="td[3]" order="ascending" data-type=
"number"/>
                <tr>
                    <td>
                        <xsl:value-of select="td[1]"/>
                    </td>
                    <td>
                        <xsl:value-of select="td[2]"/>
                    </td>
                    <td>
                        <xsl:value-of select="td[3]"/>
                    </td>
                </tr>
            </xsl:for-each>

        </table>
    </xsl:template>
</xsl:stylesheet>
```

12.4.5　XML 文档改进实现

books.xml 文件用于存放后台测试的 XML 基础数据，其具体代码如下：

```
<?xml version="1.0" encoding="utf-8"?>
<table border="1" id="books">
    <tr style="background-color:greenyellow">
        <th id="ISBN">书号</th>
        <th id="title">书名</th>
        <th id="price">
            价格
            <span class="order_span" onclick="dd_view()">降序</span>
            <span class="order_span" onclick="aa_view()">升序</span>
        </th>
    </tr>
    <tr>
        <td>5744885</td>
        <td>Java programming</td>
        <td>80</td>
    </tr>
    <tr>
        <td>2323885</td>
        <td>C# programming</td>
        <td>87</td>
    </tr>
    <tr>
        <td>8888</td>
        <td>Python programming</td>
        <td>68</td>
    </tr>
    <tr>
        <td>8767885</td>
        <td>NodeJS</td>
        <td>90</td>
    </tr>
    <tr>
        <td>r64547565647689</td>
        <td>C++ programming</td>
        <td>68</td>
    </tr>
    <tr>
        <td>45634748758478</td>
        <td>MongoDB</td>
        <td>90</td>
    </tr>
    <tr>
        <td>675665647689</td>
        <td>operation system</td>
        <td>68</td>
    </tr>
```

```
    <tr>
        <td>2342353758478</td>
        <td>XML 技术</td>
        <td>90</td>
    </tr>
</table>
```

12.4.6　实现效果

降序浏览的实现效果如图 12.5 所示。

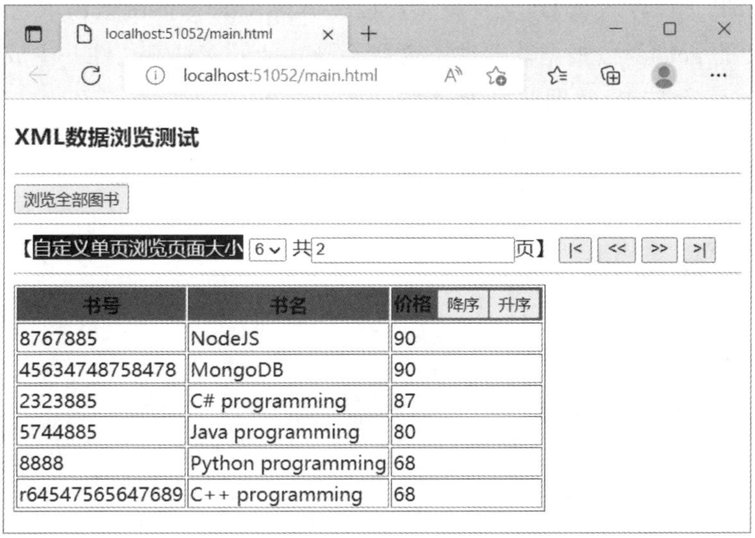

图 12.5　降序浏览的实现效果

升序浏览的实现效果如图 12.6 所示。

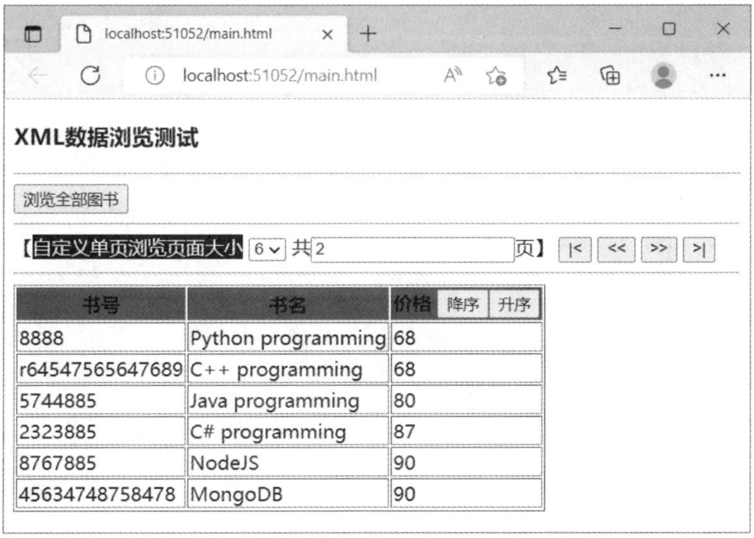

图 12.6　升序浏览的实现效果

12.5 问题思考

问题提出：通过以上实例演示，在基于三层软件架构分页浏览 XML 数据时，动态调用 XSLT 模板格式化 XML 数据以实现表格内嵌式排序的技术要点是什么？

问题思考（知识归纳）：

（1）根据设计需求在后台设计合适的 XSLT 文件。

（2）将 XSLT 文件存放在 UI 文件夹中，便于 AJAX 的 get()函数读取。

（3）AJAX 的 get()函数根据需要动态读取不同功能的 XSLT 文件并生成对象 xsldom。

（4）将当前页的 XML 数据转换为对象 xmldom。

（5）将对象 xmldom 与对象 xsldom 绑定并格式化输出。

12.6 仿真实训

给定如下 XML 文档：

```
<?xml version="1.0" encoding="utf-8"?>
<table border="1" id="books">
    <tr style="background-color:greenyellow">
        <th id="s_id">学号</th>
        <th id="name">姓名</th>
        <th id="age">年龄</th>
    </tr>
    <tr>
        <td>5744885</td>
        <td>Max</td>
        <td>18</td>
    </tr>
    <tr>
        <td>2323885</td>
        <td>Jack</td>
        <td>17</td>
    </tr>
    <tr>
        <td>8888</td>
        <td>Roseg</td>
        <td>18</td>
    </tr>
    <tr>
```

```
        <td>8767885</td>
        <td>Json</td>
        <td>19</td>
    </tr>
    <tr>
        <td>64547565647689</td>
        <td>张三</td>
        <td>16</td>
    </tr>
    <tr>
        <td>45634748758478</td>
        <td>李四</td>
        <td>19</td>
    </tr>
    <tr>
        <td>675665647689</td>
        <td>王五</td>
        <td>18</td>
    </tr>
    <tr>
        <td>2342353758478</td>
        <td>刘六</td>
        <td>20</td>
    </tr>
</table>
```

提出如下设计需求：

（1）设计合适的用户接口，用户可以自定义页面大小（每页显示的学生条目数量）。

（2）基于选定的页面大小，用户可以选择性地浏览“最前页”“最后页”“上一页”“下一页”。

（3）基于三层软件架构读取 XML 文档。

（4）在单页中，可以按年龄进行降序或升序浏览。

（5）降序或升序交互操作在表格内部进行。

（6）仿真本章案例功能，完成以上设计。

13 第 13 章 基于 XPath 的标记数据选取

13.1 设计需求

给定如下 XML 文档：

```
<?xml version="1.0" encoding="utf-8"?>
<books>
    <book>
        <ISBN>8475484848</ISBN>
        <title>XML 技术</title>
        <price>80</price>
    </book>
    <book>
        <ISBN>35235348</ISBN>
        <title>Python programming</title>
        <price>65</price>
    </book>
    <book>
        <ISBN>67676348</ISBN>
        <title>Java development</title>
        <price>76</price>
    </book>
    <book>
        <ISBN>27974348</ISBN>
        <title>NodeJS development</title>
        <price>90</price>
    </book>
</books>
```

提出如下设计需求：

（1）设计合适的用户接口，用户可自定义输入 XPath。

（2）用户可查看 XML 文档原始数据。

（3）用户可执行 XPath 语句并输出 XML 文档片段。

13.2　设计分析

13.2.1　功能分析

测试用户期望功能如下：

（1）测试用户可自定义输入 XPath。

（2）测试用户可查看 XML 文档原始数据。

（3）测试用户可执行自定义的 XPath 语句并输出相应的 XML 文档片段。

测试用户用例建模如图 13.1 所示。

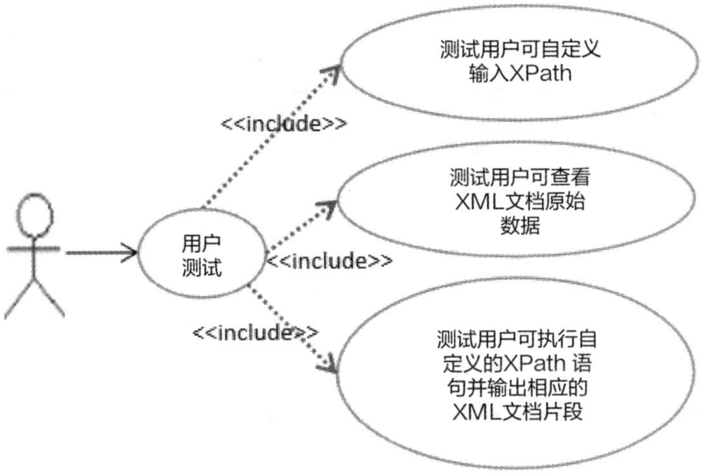

图 13.1　测试用户用例建模

13.2.2　核心业务数据流分析

功能模块中的核心业务是执行 XPath 并返回 XML 文档片段。

核心业务流程描述如下：

（1）测试用户提交动态输入的 XPath。

（2）后台获取 XPath 及 XML 文档对象。

（3）后台对 XML 文档对象进行基于 XPath 的标记数据选取并返回 XML 文档片段。

核心业务数据流建模如图 13.2 所示。

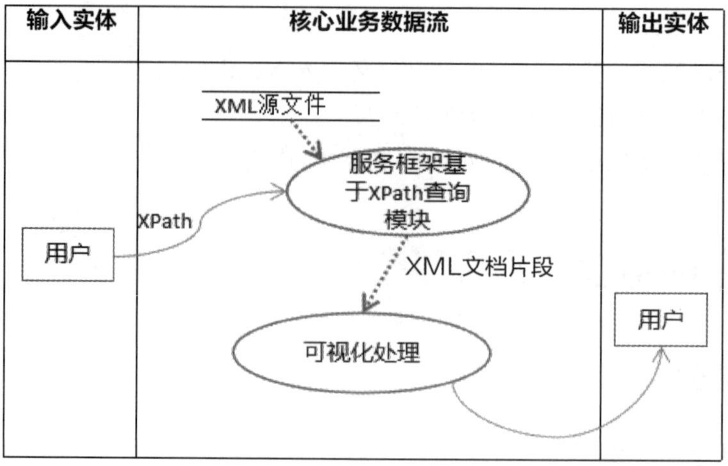

图 13.2　核心业务数据流建模

13.2.3　包及文件设计分析

基于三层软件架构视角的包及文件设计如表 13.1 所示。

表 13.1　包及文件设计

序号	包设计	文件设计
1	设计表示层包（包名为 UI），相当于表示层文件容器	（1）设计用户界面主页文件 main.html。 （2）主页引入 jQuery 框架（jquery-1.11.1.js），辅助表示层处理
2	设计业务逻辑层包（包名为 server），相当于业务逻辑层文件容器	（1）设计通用业务逻辑服务文件 server.js。 （2）设计当前模块专用业务逻辑服务文件 server_13.js。 （3）引入 xmldom 模块（xmldom.js，通过外部安装获得）。 （4）引入 xpath 模块（xpath.js，通过外部安装获得）
3	设计数据层包（包名为 data），相当于数据层文件容器	设计 XML 数据测试文件 books.xml

包及文件关系建模如图 13.3 所示。

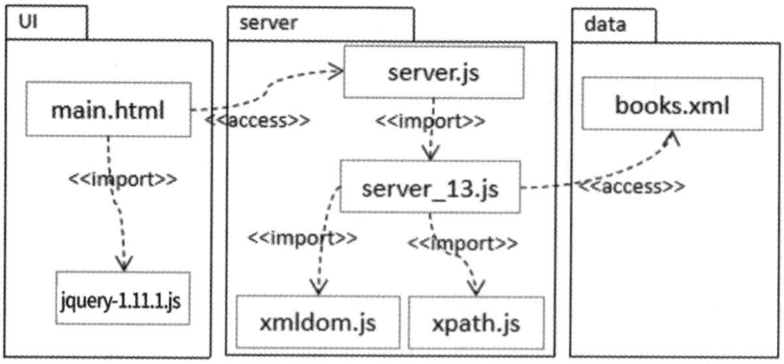

图 13.3　包及文件关系建模

13.3　文件架构

基于以上分析，本案例的文件架构如图 13.4 所示。

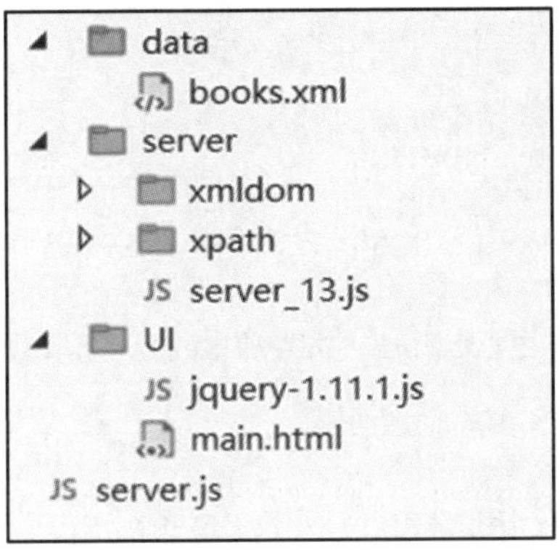

图 13.4　文件架构

文件（夹）功能说明如表 13.2 所示。

表 13.2　文件（夹）功能说明

序号	文件（夹）名	功能说明
1	books.xml	存放用于测试的 XML 基础数据
2	server.js	NodeJS 后台通用业务逻辑服务程序（后台主服务程序），动态引入 server_13.js 模块
3	jquery-1.11.1.js	加载 jQuery 函数库，辅助表示层数据可视化
4	main.html	实现人机交互的用户界面主页
5	data	存放 XML 数据文件
6	server	存放业务逻辑层文件
7	UI	存放表示层文件
8	xmldom	安装 xmldom 模块产生的文件夹
9	xpath	安装 xpath 模块产生的文件夹
10	server_13.js	当前模块专用业务逻辑服务程序（后台子服务程序）

说明：文件夹 data、server、UI 的父级文件夹为“13”。同时，为了让通用业务逻辑服务多个项目，将 server.js 文件放置在上述所有文件夹外围。

13.4　代码实现

13.4.1　主页实现

主页文件 main.html 实现代码如下：

```
<!DOCTYPE html>

<html lang="en" xmlns="http://www.w3.org/1999/xhtml">
<head>
    <meta charset="utf-8" />
    <title></title>
</head>
<body>
    <h2>基于 XPath 的标记数据选取测试</h2>
    <hr />
    请输入 XPath<input type="text" id="path_input" value="/books/book/title" style="width:400px" />
    <input type="button" value="按当前 XPath 选取数据" onclick="select_TagData()" />
    <hr />
    <div id="outer_div" style="width:654px">
        <div  id="load_Full_XML"  style="width:320px;height:400px;  margin-right:10px;float:left;border:1px solid black">
            <input type="button" value="加载 XML 文档全文" onclick="loadXML()" /><br />
            <textarea id="fullXML_ta" style="width:310px;height:360px"></textarea>
        </div>
        <div id="select_result" style="width: 320px; height: 400px; float: left; border: 1px solid black ">
            标记数据选取结果：<hr style="margin:0" />
            <textarea id="resultXML_ta" style="width:310px;height:360px"></textarea>
        </div>
    </div>
</body>
</html>
<script type="text/javascript" src="jquery-1.11.1.js"></script>
<script type="text/javascript">
    //加载 XML 全文
    function loadXML() {
        var xhttp = new XMLHttpRequest();
        xhttp.open("post", "http://localhost:1007/viewAllbooks", true);
        xhttp.onreadystatechange = function () {
            if (xhttp.status == 200 && xhttp.readyState == 4) {
                $("#fullXML_ta").val(xhttp.responseText);
            }
        }
```

```
        xhttp.send();
    }
    //基于 XPath 的标记数据选取
    function select_TagData() {
        var xpath = $("#path_input").val();
        var xhttp = new XMLHttpRequest();
        xhttp.open("post",    "http://localhost:1007/exeXPath?param="    +
encodeURIComponent(xpath), true);
        xhttp.onreadystatechange = function () {
            if (xhttp.status == 200 && xhttp.readyState == 4) {
                $("#resultXML_ta").val(xhttp.responseText);
            }
        }
        xhttp.send();
    }
</script>
```

13.4.2　后台服务实现

1. 后台主服务程序实现

后台主服务程序 server.js 实现代码如下：

```
//JavaScript 源码
//----------请将这个文件保存为 Unicode 格式，否则会很麻烦-------------
const http_obj = require("http");//用于产生服务对象
const fs_obj = require("fs");//读写后台文件
const url_tran_obj = require("url");//解释 URL

const server = http_obj.createServer(function (request, response) {
    //请求路径处理
    var req_str = decodeURI(request.url);
    var req_head;
    var POS = req_str.indexOf("?");
    if (POS == -1) { req_head = req_str; }
    else { req_head = req_str.substring(0, POS); }
    //设置查询对象
    var url_obj = url_tran_obj.parse(req_str, true);
    var Q_obj = url_obj.query;
    //设置响应头
    response.setHeader("Content-Type", "text/plain;charset=utf-8");
    response.setHeader("Access-Control-Allow-Origin", "*");//实现跨域访问
    response.writeHead(200);
```

```
        //引入并初始化服务对象
        require("./13/server/server_13.js")(request, response, req_head, Q_obj,
fs_obj);
      });
    server.listen(1007);
    console.log("Server is running at port 1007...");
```

2. 后台子服务程序实现

后台子服务程序 server_13.js 实现代码如下：

```
    function server_13(request, response, req_head, Q_obj, fs_obj) {
        if (req_head == "/viewAllbooks_13") {
            //代码 1
            fs_obj.readFile("./13/data/books.xml", "utf-8", function (err,
data) {
                if (err) { response.end(err); }
                else { response.end(data); }
            });
        }
        if (req_head == "/exeXPath_13") {
            //代码 2
            var b_xpath = Q_obj["param"];
            var select = require("./xpath");//获取函数
            var dom = require("./xmldom").DOMParser;//获取类
            fs_obj.readFile("./13/data/books.xml", "utf-8", function (err,
data) {
                if (err) { response.end(err); }
                else {
                    var xmldom = new dom().parseFromString(data);
                    var nodes = select(xmldom, b_xpath);
                    response.end(nodes.toString());
                }
            });
        }
    }
    module.exports =  server_13
```

13.4.3 实现效果

加载 XML 文档全文，如图 13.5 所示。

按当前 XPath 选取数据，如图 13.6 所示。

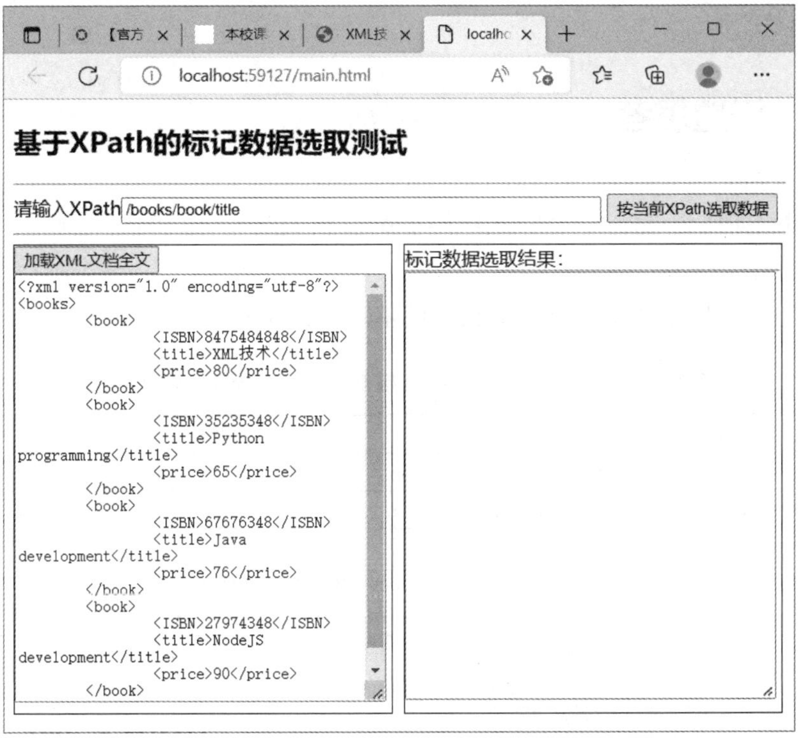

图 13.5　加载 XML 文档全文

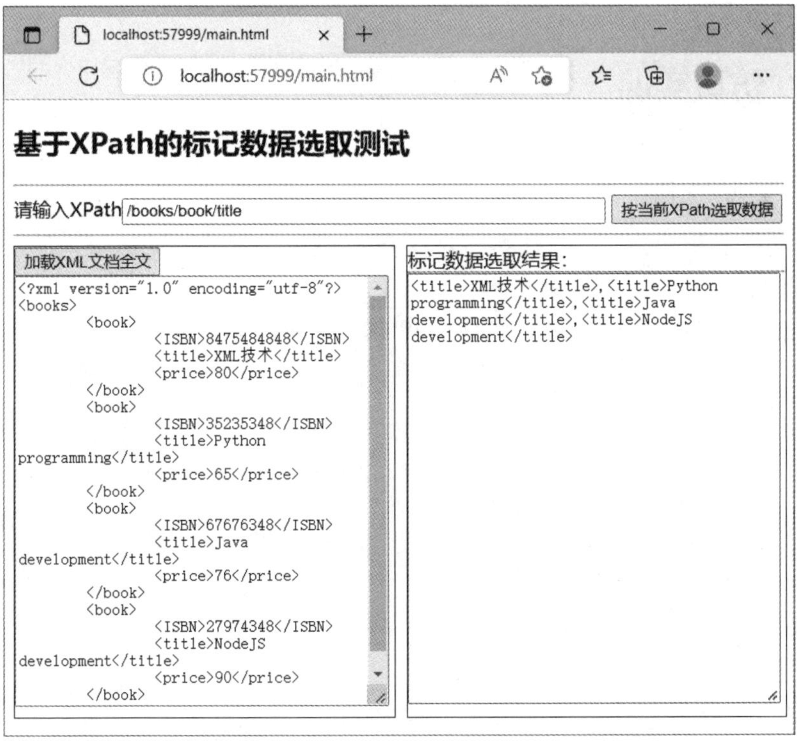

图 13.6　按当前 XPath 选取数据

13.5 问题思考

问题提出：如何通过外部安装并引用 xmldom 模块及 xpath 模块？

问题思考：

安装并引用 xmldom 模块及 xpath 模块的基本步骤如表 13.3 所示。

表 13.3 安装并引用 xmldom 模块及 xpath 模块的基本步骤

序号	步骤	指令或代码
1	安装 xmldom 模块	指令：npm install xmldom
2	安装 xpath 模块	指令：npm install xpath.js

3	引用 xmldom 模块	典型代码：
		var dom = require("./xmldom").DOMParser;//获取类
		var xmldom = new dom().parseFromString(data);//data 为 XML 格式文本

4	引用 xpath 模块	典型代码： var select = require("./xpath");//获取函数（xpath.js 文件存放在 xpath 文件夹中）
5	执行 XPath	典型代码： var nodes=select(xmldom,xpath);//获得节点集合

13.6 仿真实训

给定如下 XML 文档：

```
<?xml version="1.0" encoding="utf-8"?>
<table border="1" id="books">
   <tr style="background-color:greenyellow">
      <th id="s_id">学号</th>
      <th id="name">姓名</th>
      <th id="age">年龄</th>
   </tr>
   <tr>
      <td>5744885</td>
      <td>Max</td>
      <td>18</td>
   </tr>
   <tr>
      <td>2323885</td>
      <td>Jack</td>
      <td>17</td>
   </tr>
```

```
    <tr>
        <td>8888</td>
        <td>Roseg</td>
        <td>18</td>
    </tr>
    <tr>
        <td>8767885</td>
        <td>Json</td>
        <td>19</td>
    </tr>
    <tr>
        <td>64547565647689</td>
        <td>张三</td>
        <td>16</td>
    </tr>
    <tr>
        <td>45634748758478</td>
        <td>李四</td>
        <td>19</td>
    </tr>
    <tr>
        <td>675665647689</td>
        <td>王五</td>
        <td>18</td>
    </tr>
    <tr>
        <td>2342353758478</td>
        <td>刘六</td>
        <td>20</td>
    </tr>
</table>
```

提出如下设计需求：

（1）设计合适的用户接口，用户可自定义输入 XPath。

（2）用户可查看 XML 文档原始数据。

（3）用户可执行 XPath 语句并输出 XML 文档片段。

（4）仿真本章案例功能，实现以上设计。

第 14 章 XML 节点精确查询

14.1 设计需求

给定如下 XML 文档：

```
<?xml version="1.0" encoding="utf-8"?>
<table border="1" id="books">
    <tr bgcolor="green">
        <th id="ISBN">书号</th>
        <th id="title">书名</th>
        <th id="price">价格</th>
    </tr>
    <tr>
        <td>5744885</td>
        <td>Java programming</td>
        <td>80</td>
    </tr>
    <tr>
        <td>2323885</td>
        <td>C# programming</td>
        <td>87</td>
    </tr>
    <tr>
        <td>8888</td>
        <td>Python programming</td>
        <td>68</td>
    </tr>
    <tr>
        <td>8767885</td>
```

```
        <td>NodeJS</td>
        <td>90</td>
    </tr>
    <tr>
        <td>r64547565647689</td>
        <td>C++ programming</td>
        <td>68</td>
    </tr>
    <tr>
        <td>45634748758478</td>
        <td>MongoDB</td>
        <td>90</td>
    </tr>
    <tr>
        <td>675665647689</td>
        <td>operation system</td>
        <td>68</td>
    </tr>
    <tr>
        <td>2342353758478</td>
        <td>XML 技术</td>
        <td>90</td>
    </tr>
</table>
```

提出如下设计需求：

（1）基于三层软件架构，调用 NodeJS 后台服务，以书号为输入参数，实现对图书的精确查询。

（2）后台需要基于 xmldom 模型，借助 XPath 技术实现。

（3）查询结果以表格形式在前端呈现。

14.2　设计分析

14.2.1　功能分析

测试用户期望功能如下：

（1）测试用户可以输入书号并将书号提交给后台执行精确查询，后台将查询结果返回给前端。

（2）测试用户可以查看 XML 文档原始数据。

测试用户用例建模如图 14.1 所示。

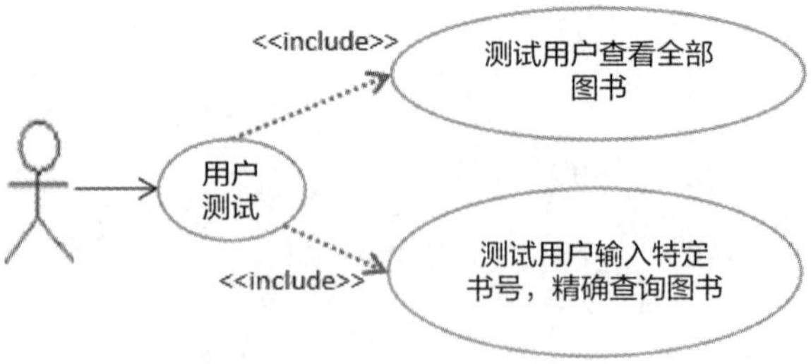

图 14.1　测试用户用例建模

14.2.2　核心业务数据流分析

功能模块中的核心业务是以书号作为搜索关键字，执行精确查询并返回 XML 文档片段。

核心业务流程描述如下：

（1）测试用户提交书号。

（2）后台获取书号及 XML 文档对象。

（3）后台对 XML 文档对象进行基于 XPath 的标记数据查询并返回 XML 文档片段。

核心业务数据流建模如图 14.2 所示。

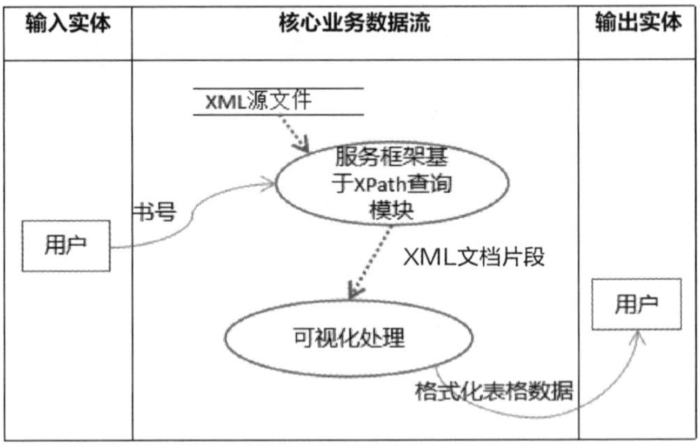

图 14.2　核心业务数据流建模

14.2.3　包及文件设计分析

基于三层软件架构视角的包及文件设计如表 14.1 所示。

表 14.1　包及文件设计

序号	包设计	文件设计
1	设计表示层包（包名为 UI），相当于表示层文件容器	（1）设计用户界面主页文件 main.html。 （2）主页引入 jQuery 框架（jquery-1.11.1.js），辅助表示层处理
2	设计业务逻辑层包（包名为 server），相当于业务逻辑层文件容器	（1）设计通用业务逻辑服务文件 server.js。 （2）设计当前模块专用业务逻辑服务文件 server_14.js。 （3）引入 xmldom 模块（xmldom.js，通过外部安装获得）。 （4）引入 xpath 模块（xpath.js，通过外部安装获得）

续表

序号	包设计	文件设计
3	设计数据层包（包名为 data），相当于数据层文件容器	设计 XML 数据测试文件 books.xml

包及文件关系建模如图 14.3 所示。

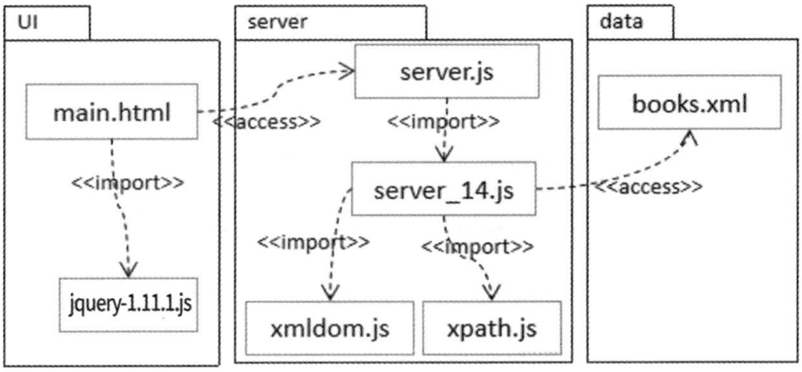

图 14.3　包及文件关系建模

14.3　文件架构

基于以上分析，本案例的文件架构如图 14.4 所示。

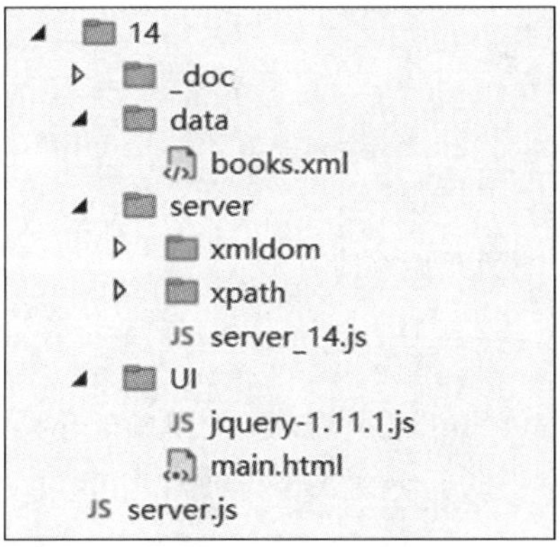

图 14.4　文件架构

文件（夹）功能说明如表 14.2 所示。

表 14.2　文件（夹）功能说明

序号	文件（夹）名	功能说明
1	books.xml	存放用于测试的 XML 基础数据
2	server.js	NodeJS 后台通用业务逻辑服务程序（后台主服务程序），动态引入 server_14.js 模块
3	jquery-1.11.1.js	加载 jQuery 函数库

续表

序号	文件（夹）名	功能说明
4	main.html	实现人机交互的用户界面主页
5	data	存放 XML 数据文件
6	server	存放业务逻辑层文件
7	UI	存放表示层文件
8	xmldom	安装 xmldom 模块产生的文件夹
9	xpath	安装 xpath 模块产生的文件夹
10	_doc	存放辅助文档，不参与项目运行
11	server_14.js	当前模块专用业务逻辑服务程序（后台子服务程序）
12	14	存放文件夹 data、server、UI、_doc

说明：为了让通用业务逻辑服务多个项目，将 server.js 文件放置在上述所有文件夹外围。

14.4 代码实现

14.4.1 主页实现

主页文件 main.html 实现代码如下：

```
<!DOCTYPE html>
<html lang="en" xmlns="http://www.w3.org/1999/xhtml">
<head>
    <meta charset="utf-8" />
    <title></title>
</head>
<body>
    <h2>基于 XPath 的标记数据精确查询测试</h2>
    <hr />
    请输入书号<input type="text" id="isbn_input" />
    <input type="button" value="精确查询图书" onclick="select_TagData()" />
    <input type="button" value="查看全部图书" onclick="view_all()" />
    <hr />
    <div id="outer_div">

    </div>
</body>
</html>
<script type="text/javascript" src="jquery-1.11.1.js"></script>
<script type="text/javascript">

    //基于 XPath 的标记数据精确查询
```

```
        function select_TagData() {
            var book_num = $("#isbn_input").val();
            var xhttp = new XMLHttpRequest();
            xhttp.open("post",  "http://localhost:1017/exeXPath_14?param=" +
encodeURIComponent(book_num), true);
            xhttp.onreadystatechange = function () {
                if (xhttp.status == 200 && xhttp.readyState == 4) {
                    $("#outer_div").html("<table
border='1'>"+xhttp.responseText+"</table>");
                }
            }
            xhttp.send();
        }
        //查看全部图书
        function view_all() {
            var xhttp = new XMLHttpRequest();
            xhttp.open("post", "http://localhost:1017/viewAll_14", true);
            xhttp.onreadystatechange = function () {
                if (xhttp.status == 200 && xhttp.readyState == 4) {
                    $("#outer_div").html( xhttp.responseText);
                }
            }
            xhttp.send();
        }
    </script>
```

14.4.2　后台服务实现

1. 后台主服务程序实现

后台主服务程序 server.js 实现代码如下：

```
//JavaScript 源码
//----------请将这个文件保存为 Unicode 格式，否则会很麻烦-------------
const http_obj = require("http");//用于产生服务对象
const fs_obj = require("fs");//读写后台文件
const url_tran_obj = require("url");//解释 URL
const server = http_obj.createServer(function (request, response) {
    //请求路径处理
    var req_str = decodeURI(request.url);
    var req_head;
    var POS = req_str.indexOf("?");
    if (POS == -1) { req_head = req_str; }
    else { req_head = req_str.substring(0, POS); }
    //设置查询对象
```

```
        var url_obj = url_tran_obj.parse(req_str, true);
        var Q_obj = url_obj.query;
        //设置响应头
        response.setHeader("Content-Type", "text/plain;charset=utf-8");
        response.setHeader("Access-Control-Allow-Origin", "*");//实现跨域访问
    response.writeHead(200);

        //引入并初始化所有服务对象
        require("./14/server/server_14.js")(request, response, req_head, Q_obj,
fs_obj);
    });
    server.listen(1017);
    console.log("Server is running at port 1017...");
```

2. 后台子服务程序实现

后台子服务程序 server_14.js 实现代码如下：

```
     function server_14(request, response, req_head, Q_obj, fs_obj) {
        //执行 XPath
        if (req_head == "/exeXPath_14") {
            var b_isbn = Q_obj["param"];
            var  b_xpath  =  "/table/tr[position()=1]  |  /table/tr[td[1]='"  +
b_isbn + "']";
            var select = require("./xpath");//获取查询函数
            var dom = require("./xmldom").DOMParser;//获取 DOMParser 类
            fs_obj.readFile("./14/data/books.xml", "utf-8", function (err, data) {
                if (err) { response.end(err); }
                else {
                    var xmldom = new dom().parseFromString(data);
                    var nodes = select(xmldom, b_xpath);
                    if (nodes.length == 1) { response.end("未找到相关数据！"); }
                    else { response.end(nodes.toString()); }
                }
            });
        }
        //查看全部图书
        if (req_head == "/viewAll_14") {
            fs_obj.readFile("./14/data/books.xml", "utf-8", function (err, data) {
                if (err) { response.end(err); }
                else {
                    response.end(data);
                }
            });
        }
    }
    module.exports = server_14
```

14.4.3　实现效果

查看全部图书的实现效果如图 14.5 所示。

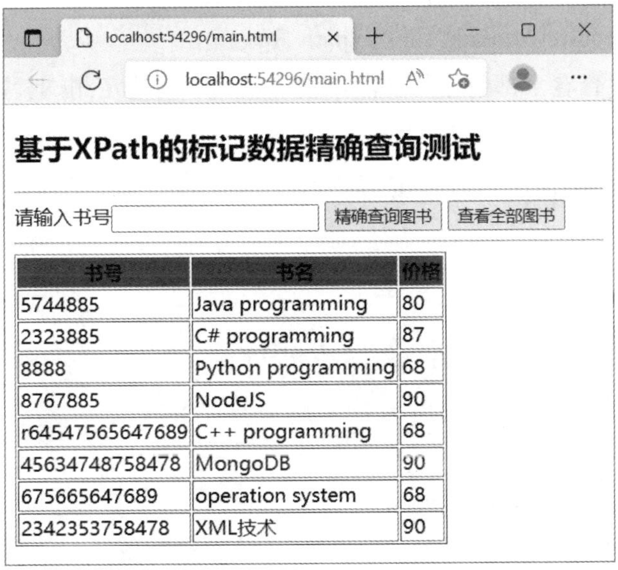

图 14.5　查看全部图书的实现效果

精确查询图书的实现效果如图 14.6 所示。

图 14.6　精确查询图书的实现效果

14.5　问题思考

问题提出：实现基于 XPath 的标记数据精确查询的技术要点是什么？

问题思考：

（1）为简化前端编程，XML 基础数据可采用创新格式设计。

（2）后台应事先引入 xmldom 模块及 xpath 模块。

（3）应将 xmldom 模块、xpath 模块、后台子服务程序放置在同一个文件夹中。

（4）建议使用 require("./xmldom")引入 xmldom 模块。

（5）建议使用 require("./xpath")引入 xpath 模块。

（6）建议设置“查看全部数据”功能，便于精确查询选定测试参数。

14.6 仿真实训

给定如下 XML 文档：

```
<?xml version="1.0" encoding="utf-8"?>
<table border="1" id="books">
    <tr style="background-color:greenyellow">
        <th id="s_id">学号</th>
        <th id="name">姓名</th>
        <th id="age">年龄</th>
    </tr>
    <tr>
        <td>5744885</td>
        <td>Max</td>
        <td>18</td>
    </tr>
    <tr>
        <td>2323885</td>
        <td>Jack</td>
        <td>17</td>
    </tr>
    <tr>
        <td>8888</td>
        <td>Roseg</td>
        <td>18</td>
    </tr>
    <tr>
        <td>8767885</td>
        <td>Json</td>
        <td>19</td>
    </tr>
    <tr>
        <td>64547565647689</td>
        <td>张三</td>
        <td>16</td>
    </tr>
```

```
    <tr>
        <td>45634748758478</td>
        <td>李四</td>
        <td>19</td>
    </tr>
    <tr>
        <td>675665647689</td>
        <td>王五</td>
        <td>18</td>
    </tr>
    <tr>
        <td>2342353758478</td>
        <td>刘六</td>
        <td>20</td>
    </tr>
</table>
```

提出如下设计需求：

（1）基于三层软件架构，调用 NodeJS 后台服务，以学号为输入参数，实现对学生的精确查询。

（2）后台需要基于 xmldom 模型，借助 XPath 技术实现。

（3）查询结果以表格形式在前端呈现。

（4）仿真本章案例功能，实现以上设计。

第 15 章 XML 节点模糊查询

15.1 设计需求

给定如下 XML 文档：

```
<?xml version="1.0" encoding="utf-8"?>
<table border="1" id="books">
    <tr bgcolor="green">
        <th id="ISBN">书号</th>
        <th id="title">书名</th>
        <th id="price">价格</th>
    </tr>
    <tr>
        <td>5744885</td>
        <td>Java programming</td>
        <td>80</td>
    </tr>
    <tr>
        <td>2323885</td>
        <td>C# programming</td>
        <td>87</td>
    </tr>
    <tr>
        <td>8888</td>
        <td>Python programming</td>
        <td>68</td>
    </tr>
    <tr>
        <td>8767885</td>
```

```
        <td>NodeJS</td>
        <td>90</td>
    </tr>
    <tr>
        <td>r64547565647689</td>
        <td>C++ programming</td>
        <td>68</td>
    </tr>
    <tr>
        <td>45634748758478</td>
        <td>MongoDB</td>
        <td>90</td>
    </tr>
    <tr>
        <td>675665647689</td>
        <td>operation system</td>
        <td>68</td>
    </tr>
    <tr>
        <td>2342353758478</td>
        <td>XML 技术</td>
        <td>90</td>
    </tr>
</table>
```

提出如下设计需求：

（1）基于三层软件架构，调用 NodeJS 后台服务，以书名为输入参数，实现对图书的模糊查询。

（2）后台需要基于 xmldom 模型，借助 XPath 技术实现。

（3）查询结果以表格形式在前端呈现。

15.2 设计分析

15.2.1 功能分析

测试用户期望功能如下：

（1）测试用户可以输入书名局部字符串并将书名局部字符串提交给后台执行模糊查询，后台将查询结果返回给前端。

（2）测试用户可以查看 XML 文档原始数据。

测试用户用例建模如图 15.1 所示。

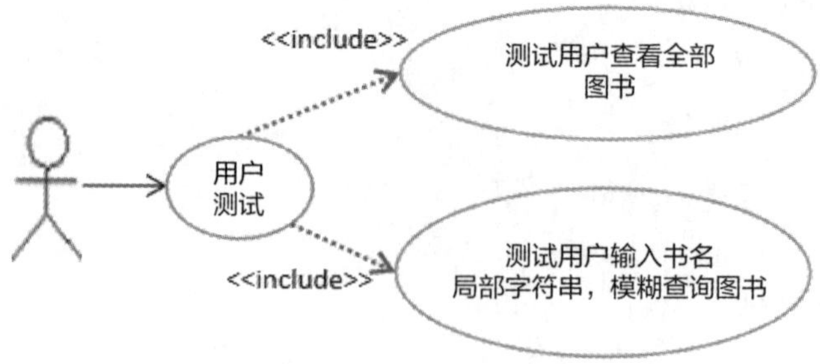

图 15.1　测试用户用例建模

15.2.2　核心业务数据流分析

功能模块中的核心业务是以书名局部字符串作为搜索关键字，执行模糊查询并返回 XML 文档片段。

核心业务流程描述如下：

（1）测试用户提交书名局部字符串。

（2）后台获取书名局部字符串及 XML 文档对象。

（3）后台对 XML 文档对象进行基于 XPath 的标记数据查询并返回 XML 文档片段。

核心业务数据流建模如图 15.2 所示。

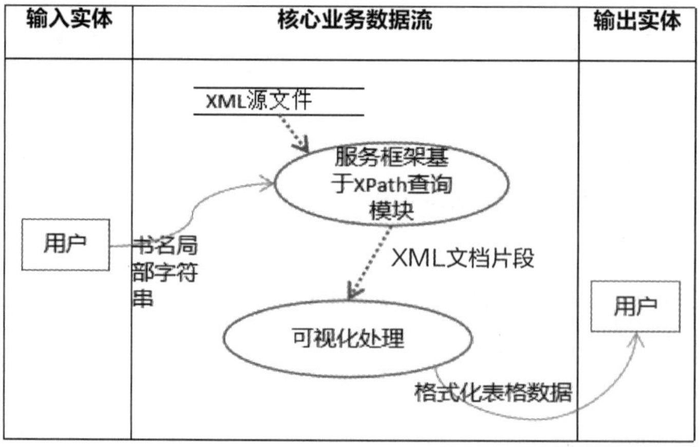

图 15.2　核心业务数据流建模

15.2.3　包及文件设计分析

基于三层软件架构视角的包及文件设计如表 15.1 所示。

表 15.1　包及文件设计

序号	包设计	文件设计
1	设计表示层包（包名为 UI），相当于表示层文件容器	（1）设计用户界面主页文件 main.html。 （2）主页引入 jQuery 框架（jquery-1.11.1.js），辅助表示层处理

续表

序号	包设计	文件设计
2	设计业务逻辑层包（包名为 server），相当于业务逻辑层文件容器	（1）设计通用业务逻辑服务文件 server.js。 （2）设计当前模块专用业务逻辑服务文件 server_15.js。 （3）引入 xmldom 模块（xmldom.js，通过外部安装获得）。 （4）引入 xpath 模块（xpath.js，通过外部安装获得）
3	设计数据层包（包名为 data），相当于数据层文件容器	设计 XML 数据测试文件 books.xml

包及文件关系建模如图 15.3 所示。

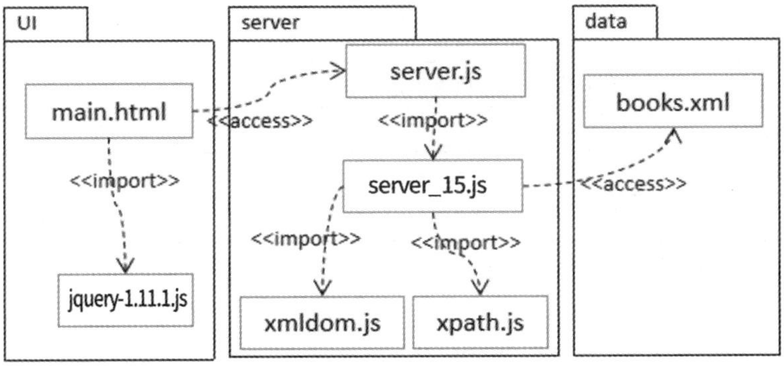

图 15.3 包及文件关系建模

15.3 文件架构

基于以上分析，本案例的文件架构如图 15.4 所示。

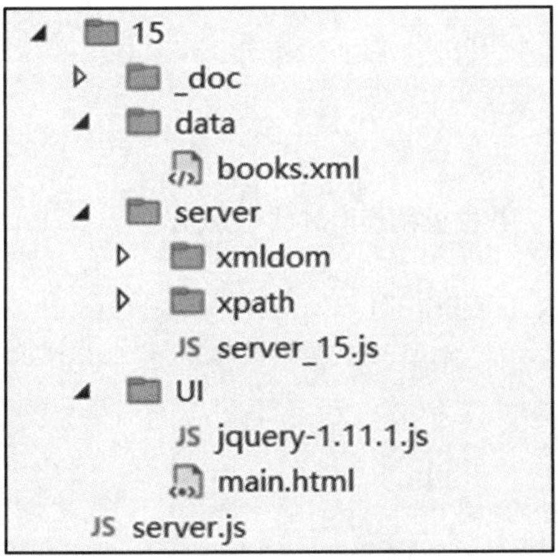

图 15.4 文件架构

文件（夹）功能说明如表 15.2 所示。

表 15.2　文件（夹）功能说明

序号	文件（夹）名	功能说明
1	books.xml	存放用于测试的 XML 基础数据
2	server.js	NodeJS 后台通用业务逻辑服务程序（后台主服务程序），动态引入 server_15.js 模块
3	jquery-1.11.1.js	加载 jQuery 函数库
4	main.html	实现人机交互的用户界面主页
5	data	存放 XML 数据文件
6	server	存放业务逻辑层文件
7	UI	存放表示层文件
8	xmldom	安装 xmldom 模块产生的文件夹
9	xpath	安装 xpath 模块产生的文件夹
10	_doc	存放辅助文档，不参与项目运行
11	server_15.js	当前模块专用业务逻辑服务程序（后台子服务程序）
12	15	存放文件夹 data、server、UI、_doc

说明：为了让通用业务逻辑服务多个项目，将 server.js 文件放置在上述所有文件夹外围。

15.4　代码实现

15.4.1　主页实现

主页文件 main.html 实现代码如下：

```
<!DOCTYPE html>
<html lang="en" xmlns="http://www.w3.org/1999/xhtml">
<head>
    <meta charset="utf-8" />
    <title></title>
</head>
<body>
    <h2>基于 XPath 的标记数据模糊查询测试</h2>
    <hr />
    请输入书名(注:不输入，可查全部)<input type="text" id="title_input" />
    <input type="button" value="模糊查询图书" onclick="select_TagData()" />
    <hr />
    <div id="outer_div">

    </div>
</body>
</html>
<script type="text/javascript" src="jquery-1.11.1.js"></script>
<script type="text/javascript">
```

```
        //基于 XPath 的标记数据模糊查询
        function select_TagData() {
            var book_name = $("#title_input").val();
            var xhttp = new XMLHttpRequest();
            xhttp.open("post", "http://localhost:1017/exeXPath_15?param=" +
encodeURIComponent(book_name), true);
            xhttp.onreadystatechange = function () {
                if (xhttp.status == 200 && xhttp.readyState == 4) {
                    $("#outer_div").html("<table
border='1'>"+xhttp.responseText+"</table>");
                }
            }
            xhttp.send();
        }
    </script>
```

15.4.2　后台服务实现

1. 后台主服务程序实现

后台主服务程序 server.js 实现代码如下：

```
    //JavaScript 源码
    //----------请将这个文件保存为 Unicode 格式，否则会很麻烦-------------
    const http_obj = require("http");//用于产生服务对象
    const fs_obj = require("fs");//读写后台文件
    const url_tran_obj = require("url");//解释 URL
    const server = http_obj.createServer(function (request, response) {
        //请求路径处理
        var req_str = decodeURI(request.url);
        var req_head;
        var POS = req_str.indexOf("?");
        if (POS == -1) { req_head = req_str; }
        else { req_head = req_str.substring(0, POS); }
        //设置查询对象
        var url_obj = url_tran_obj.parse(req_str, true);
        var Q_obj = url_obj.query;
        //设置响应头
        response.setHeader("Content-Type", "text/plain;charset=utf-8");
        response.setHeader("Access-Control-Allow-Origin", "*");//实现跨域访问
        response.writeHead(200);

        //引入并初始化所有服务对象
        require("./15/server/server_15.js")(request, response, req_head, Q_obj,
fs_obj);
```

```
});
server.listen(1017);
console.log("Server is running at port 1017...");
```

2. 后台子服务程序实现

后台子服务程序 server_15.js 实现代码如下：

```
function server_15(request, response, req_head, Q_obj, fs_obj) {
    if (req_head == "/exeXPath_15") {
        var b_title = Q_obj["param"];
        var b_xpath = "/table/tr[position()=1] | /table/tr[contains(td[2],
'" + b_title + "')]";
        var select = require("./xpath");//获取查询函数
        var dom = require("./xmldom").DOMParser;//获取 DOMParser 类
        fs_obj.readFile("./15/data/books.xml", "utf-8", function (err, data) {
            if (err) { response.end(err); }
            else {
                var xmldom = new dom().parseFromString(data);
                var nodes = select(xmldom, b_xpath);
                if (nodes.length == 1) { response.end("未找到相关数据！"); }
                else { response.end(nodes.toString()); }
            }
        });
    }
}
module.exports=server_15
```

15.4.3 实现效果

模糊查询图书的实现效果如图 15.5 所示。

图 15.5　模糊查询图书的实现效果

15.5　问题思考

问题提出：实现基于 XPath 的标记数据模糊查询的技术要点是什么？

问题思考：

（1）为简化前端编程，XML 基础数据可采用创新格式设计。

（2）后台应事先引入 xmldom 模块及 xpath 模块。

（3）建议使用 require("./xmldom")引入 xmldom 模块；建议使用 require("./xpath")引入 xpath 模块。

（4）建议设置“查看全部数据”功能，便于模糊查询逐步缩小查询范围。

15.6　仿真实训

给定如下 XML 文档：

```
<?xml version="1.0" encoding="utf-8"?>
<table border="1" id="books">
   <tr style="background-color:greenyellow">
      <th id="s_id">学号</th>
      <th id="name">姓名</th>
      <th id="age">年龄</th>
   </tr>
   <tr>
      <td>5744885</td>
      <td>Max</td>
      <td>18</td>
   </tr>
   <tr>
      <td>2323885</td>
      <td>Jack</td>
      <td>17</td>
   </tr>
   <tr>
      <td>8888</td>
      <td>Roseg</td>
      <td>18</td>
   </tr>
   <tr>
      <td>8767885</td>
```

```
        <td>Json</td>
        <td>19</td>
    </tr>
    <tr>
        <td>64547565647689</td>
        <td>张三</td>
        <td>16</td>
    </tr>
    <tr>
        <td>45634748758478</td>
        <td>李四</td>
        <td>19</td>
    </tr>
    <tr>
        <td>675665647689</td>
        <td>王五</td>
        <td>18</td>
    </tr>
    <tr>
        <td>2342353758478</td>
        <td>刘六</td>
        <td>20</td>
    </tr>
</table>
```

提出如下设计需求：

（1）基于三层软件架构，调用 NodeJS 后台服务，以姓名为输入参数，实现对学生的模糊查询。

（2）后台需要基于 xmldom 模型，借助 XPath 技术实现。

（3）查询结果以表格形式在前端呈现。

（4）仿真本章案例功能，实现以上设计。

16 第 16 章 添加 XML 节点

16.1 设计需求

给定如下 XML 文档：

```
<?xml version="1.0" encoding="utf-8"?>
<table border="1" id="books">
<tr bgcolor="green">
       <th id="ISBN">书号</th>
       <th id="title">书名</th>
       <th id="price">价格</th>
</tr>
<tr>
       <td>5744885</td>
       <td>Java programming</td>
       <td>80</td>
   </tr>
<tr>
       <td>2323885</td>
       <td>C# programming</td>
       <td>87</td>
</tr>
<tr>
       <td>8888</td>
       <td>Python programming</td>
       <td>68</td>
</tr>
<tr>
       <td>8767885</td>
```

```
        <td>NodeJS</td>
        <td>90</td>
</tr>
<tr>
        <td>r64547565647689</td>
        <td>C++ programming</td>
        <td>68</td>
</tr>
<tr>
        <td>45634748758478</td>
        <td>MongoDB</td>
        <td>90</td>
</tr>
<tr>
        <td>675665647689</td>
        <td>operation system</td>
        <td>68</td>
    </tr>
<tr>
        <td>2342353758478</td>
        <td>XML 技术</td>
        <td>90</td>
</tr>
</table
```

提出如下设计需求：

（1）设计 NodeJS 后台服务，该服务可在后台实现“添加图书”业务。

（2）基于 AJAX 技术及三层软件架构实现“添加图书”业务。

（3）后台基于 DOM 模型实现 XML 节点添加。

16.2 设计分析

16.2.1 功能分析

测试用户期望功能如下：

（1）测试用户可以查看 XML 文档原始数据，即查看全部图书。

（2）测试用户可以添加图书。

（3）测试用户可以将图书信息恢复到初始状态。

测试用户用例建模如图 16.1 所示。

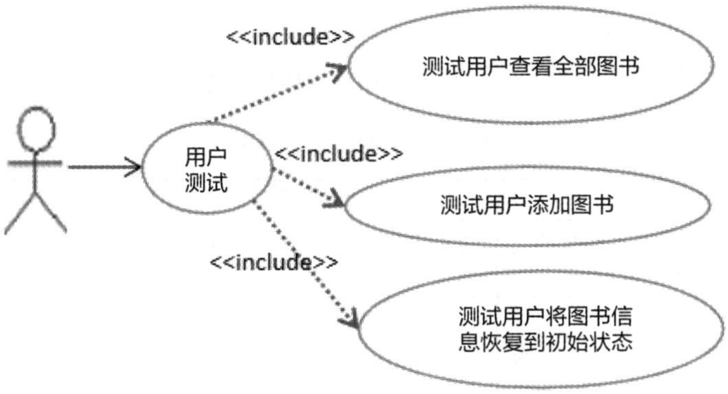

图 16.1　测试用户用例建模

16.2.2　核心业务数据流分析

功能模块中的核心业务是输入新图书的信息并保存。

核心业务流程描述如下：

（1）用户添加新的图书并形成图书标记数据文本。

（2）标记数据添加模块在 XML 源文件对应文本中添加图书标记数据文本并形成新的标记数据文本。

（3）根据新的标记数据文本改写 XML 源文件。

（4）查看改写后的 XML 源文件格式化数据。

核心业务数据流建模如图 16.2 所示。

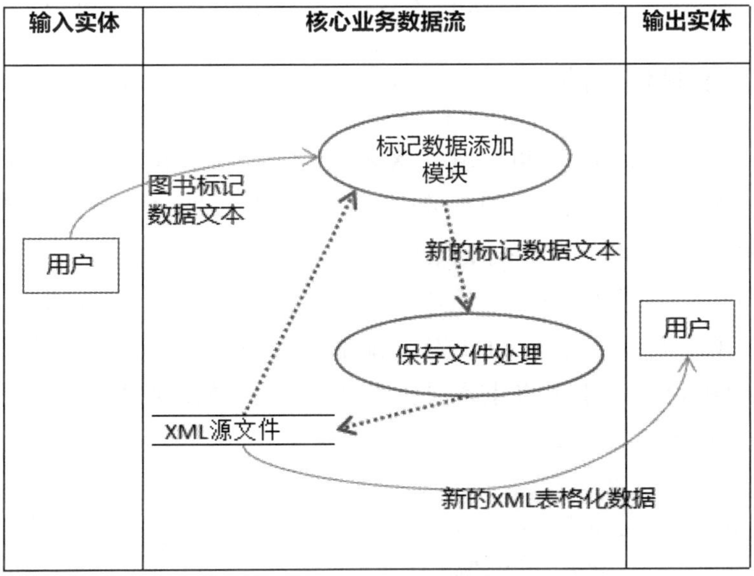

图 16.2　核心业务数据流建模

16.2.3 包及文件设计分析

基于三层软件架构视角的包及文件设计如表 16.1 所示。

表 16.1 包及文件设计

序号	包设计	文件设计
1	设计表示层包（包名为 UI），相当于表示层文件容器	（1）设计用户界面主页文件 main.html。 （2）主页引入 jQuery 框架（jquery-1.11.1.js），辅助表示层处理
2	设计业务逻辑层包（包名为 server），相当于业务逻辑层文件容器	（1）设计通用业务逻辑服务文件 server.js。 （2）设计当前模块专用业务逻辑服务文件 server_16.js。 （3）引入 xmldom 模块（xmldom.js，通过外部安装获得）。 （4）引入 xpath 模块（xpath.js，通过外部安装获得）
3	设计数据层包（包名为 data），相当于数据层文件容器	（1）设计 XML 数据测试文件 books.xml。 （2）设计 XML 数据备份文件 books_bak.xml

包及文件关系建模如图 16.3 所示。

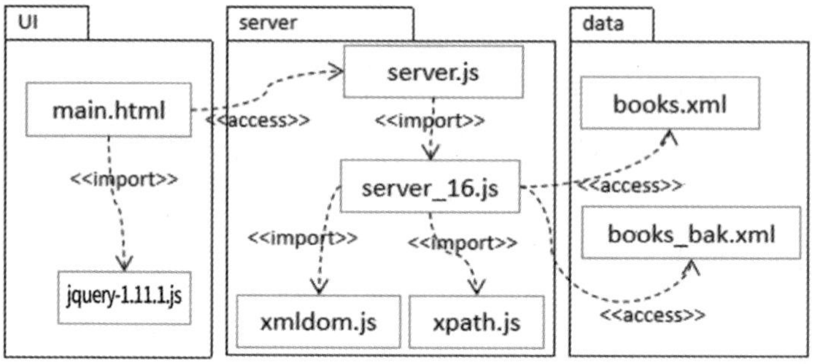

图 16.3 包及文件关系建模

16.2.4 XML 文档创新改进

为了减轻前端设计压力，可以对现有 XML 文档进行创新改进。考虑到添加数据要求必须有数据输入接口，而输入接口的数量与 XML 文档中的数据条目数量有关，具体到以上文档，实际输入接口数量与<td>标记数量应该一致。

基于以上分析，可以事先在以上给定 XML 文档中增加一行（即增加一个特定<tr>标记）。该特定<tr>标记可以事先嵌入 HTML 代码，目的是让应用程序通过读取这个特定<tr>标记来得到数据输入界面，以避免前端设计人员再去设计数据输入界面。

增加的特定<tr>标记设计如下：

```
<tr id="add_update_XML">
      <td>
         <input type="text"/>
      </td>
      <td>
         <input type="text"/>
```

```
        </td>
        <td>
            <input type="text"/>
        </td>
</tr>
```

具体创新改进后的 XML 文档如下：

```
<?xml version="1.0" encoding="utf-8"?>
<table border="1" id="books">
<tr bgcolor="green">
        <th id="ISBN">书号</th>
        <th id="title">书名</th>
        <th id="price">价格</th>
</tr>
<tr id="add_update_XML">
        <td>
            <input type="text"/>
        </td>
        <td>
            <input type="text"/>
        </td>
        <td>
            <input type="text"/>
        </td>
</tr>
<tr>
        <td>5744885</td>
        <td>Java programming</td>
        <td>80</td>
    </tr>
<tr>
        <td>2323885</td>
        <td>C# programming</td>
        <td>87</td>
</tr>
<tr>
        <td>8888</td>
        <td>Python programming</td>
        <td>68</td>
</tr>
<tr>
        <td>8767885</td>
        <td>NodeJS</td>
```

```
        <td>90</td>
    </tr>
    <tr>
        <td>r64547565647689</td>
        <td>C++ programming</td>
        <td>68</td>
    </tr>
    <tr>
        <td>45634748758478</td>
        <td>MongoDB</td>
        <td>90</td>
    </tr>
    <tr>
        <td>675665647689</td>
        <td>operation system</td>
        <td>68</td>
      </tr>
    <tr>
        <td>2342353758478</td>
        <td>XML 技术</td>
        <td>90</td>
    </tr>
    </table>
```

应用程序读取 id="add_update_XML"的 <tr>标记，即可得到用户输入界面。

16.2.5 标记数据添加思路

对于轻量级 XML 文档来说，可以将整个文档读取为字符串，由于文档的最后必定是结束标记</table>，因此只要将该字符串替换成新数据对应的 XML 格式字符串，即可实现新节点的添加。

假设整个 XML 文档对应的字符串为 XMLtext，新增加的数据对应的字符串为 newDatatext，则调用以下替换代码即可实现新节点的添加。

```
XMLtext,replace("</table>",newDatatext)
```

16.3 文件架构

基于以上分析，本案例的文件架构如图 16.4 所示。

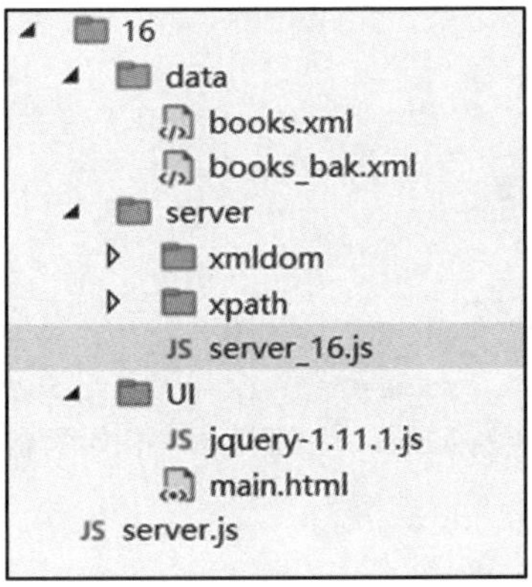

图 16.4　文件架构

文件（夹）功能说明如表 16.2 所示。

表 16.2　文件（夹）功能说明

序号	文件（夹）名	功能说明
1	books.xml	存放用于测试的 XML 基础数据
2	server.js	NodeJS 后台通用业务逻辑服务程序（后台主服务程序），动态引入 server_16.js 模块
3	server_16.js	当前模块专用业务逻辑服务程序（后台子服务程序）
4	jquery-1.11.1.js	加载 jQuery 函数库
5	main.html	实现人机交互的用户界面主页
6	data	存放 XML 数据文件
7	server	存放业务逻辑层文件
8	UI	存放表示层文件
9	xmldom	安装 xmldom 模块产生的文件夹
10	xpath	安装 xpath 模块产生的文件夹
11	books_bak.xml	存放 books.xml 文件的备份数据
12	16	存放文件夹 data、server、UI

说明：为了让通用业务逻辑服务多个项目，将 server.js 文件放置在上述所有文件夹外围。

16.4　代码实现

16.4.1　主页实现

主页文件 main.html 实现代码如下：

```
<!DOCTYPE html>
<html lang="en" xmlns="http://www.w3.org/1999/xhtml">
<head>
    <meta charset="utf-8" />
```

```
        <title></title>
    </head>
    <body>
        <h2>标记数据添加测试</h2>
        <hr />
        <input type="button" value="添加图书" onclick="start_add_TagData()" />
        <input type="button" value="查看全部图书" onclick="view_All()" />
        <input type="button" value="恢复数据为初始状态" onclick="restore_
TagData()" />
        <hr />
        <div id="outer_div">

        </div>
        <hr />
        <input id="post_but" type="button" value="提交新增图书" disabled="disabled"
onclick="post_TagData()" />
    </body>
    </html>
    <script type="text/javascript" src="jquery-1.11.1.js"></script>
    <script type="text/javascript">

        //添加图书，基于 XPath 的标记数据添加
        function start_add_TagData() {
            var xhttp = new XMLHttpRequest();
            xhttp.open("post", "http://localhost:1017/startAdd_16", true);
            xhttp.onreadystatechange = function () {
                if (xhttp.status == 200 && xhttp.readyState == 4) {
                    $("#outer_div").html("<table border='1'>" + xhttp.responseText
+ "</table>");
                    $("#post_but").attr("disabled",false);
                }
            }
            xhttp.send();
        }
        //提交新增图书
        function post_TagData() {
            var inputs = $("#add_update_XML").find("input");
            var isEmpty = false;
            for (var k = 0; k < inputs.length; k++) {
                if ($(inputs[k]).val() == "") { isEmpty = true; }
            }
            if (isEmpty) { alert("各项信息不能为空！"); }
            else{
```

```
            var new_tr = "<tr>\n";
            for (var k = 0; k < inputs.length; k++) {
                new_tr += "<td>" + $(inputs[k]).val() + "</td>\n";
            }
            new_tr += "</tr>";
            //将新行提交到后台
            var xhttp = new XMLHttpRequest();
            xhttp.open("post", "http://localhost:1017/AddXMLDataRow_16?param=
"+encodeURIComponent(new_tr), true);
            xhttp.onreadystatechange = function () {
                if (xhttp.status == 200 && xhttp.readyState == 4) {
                    alert(xhttp.responseText);
                }
            }
            xhttp.send();
        }
    }
    //查看全部图书
    function view_All() {
        var xhttp = new XMLHttpRequest();
        xhttp.open("post", "http://localhost:1017/viewAll_16", true);
        xhttp.onreadystatechange = function () {
            if (xhttp.status == 200 && xhttp.readyState == 4) {
                $("#outer_div").html(xhttp.responseText);
                $("#add_update_XML").hide();
            }
        }
        xhttp.send();
    }
    //恢复数据为初始状态
    function restore_TagData() {
        if (confirm("确定要将数据恢复到最初状态?")) {
            var xhttp = new XMLHttpRequest();
            xhttp.open("post", "http://localhost:1017/restoreData_16",
true);
            xhttp.onreadystatechange = function () {
                if (xhttp.status == 200 && xhttp.readyState == 4) {
                    alert(xhttp.responseText);
                }
            }
            xhttp.send();
        }
```

```
    }
</script>
```

16.4.2 后台主服务程序实现

后台主服务程序 server.js 实现代码如下：

```
const http_obj = require("http");//用于产生服务对象
const fs_obj = require("fs");//读写后台文件
const url_tran_obj = require("url");//解释 URL
const server = http_obj.createServer(function (request, response) {
    //请求路径处理
    var req_str = decodeURI(request.url);
    var req_head;
    var POS = req_str.indexOf("?");
    if (POS == -1) { req_head = req_str; }
    else { req_head = req_str.substring(0, POS); }
    //设置查询对象
    var url_obj = url_tran_obj.parse(req_str, true);
    var Q_obj = url_obj.query;
    //设置响应头
    response.setHeader("Content-Type", "text/plain;charset=utf-8");
    response.setHeader("Access-Control-Allow-Origin", "*");//实现跨域访问
response.writeHead(200);

    //引入并初始化所有服务对象
    require("./16/server/server_16.js")(request, response, req_head,
Q_obj, fs_obj);
});
server.listen(1017);
console.log("Server is running at port 1017...");
```

16.4.3 后台子服务程序实现

后台子服务程序 server_16.js 实现代码如下：

```
function server_16(request, response, req_head, Q_obj, fs_obj) {
    //%%%%%%%%%%%%%----------------代码开始
    if (req_head == "/startAdd_16") {
        //添加前准备
        var b_xpath = "/table/tr[position()<3]";
        var select = require("./xpath");//获取查询函数
        var dom = require("./xmldom").DOMParser;//获取 DOMParser 类
        fs_obj.readFile("./16/data/books.xml", "utf-8", function (err,
```

```
data) {
            if (err) { response.end(err); }
            else {
                var xmldom = new dom().parseFromString(data);
                var nodes = select(xmldom, b_xpath);
                response.end(nodes.toString());
            }
        });
        return;
    }

    if (req_head == "/AddXMLDataRow_16") {
        //添加数据（尾部字符串替换）
        var b_new_tr = Q_obj["param"];
        fs_obj.readFile("./16/data/books.xml", "utf-8", function (err, data) {
            if (err) { response.end(err); }
            else {
                var new_xml = data.replace("</table>",b_new_tr+"\n
</table>") ;
                fs_obj.writeFile("./16/data/books.xml", new_xml, function
(err) {
                    if (err) { response.end(err); }
                    else { response.end("成功添加数据"); }
                });
            }
        });
        return;
    }

    if (req_head == "/viewAll_16") {
        //查看全部图书
        fs_obj.readFile("./16/data/books.xml", "utf-8", function (err,
data) {
            if (err) { response.end(err); }
            else {
                response.end(data);
            }
        });
        return;
    }
    if (req_head == "/restoreData_16") {
        fs_obj.readFile("./16/data/books_bak.xml", "utf-8", function (err,
data) {
            if (err) { response.end(err.toString()); }
```

```
            else {
                fs_obj.writeFile("./16/data/books.xml",    data,    function (err) {
                    if (err) { response.end(err.toString()); }
                    else { response.end("成功恢复数据"); }
                });
            }
        });
        return;
    }
    //%%%%%%%%%%%%%----------------代码结束
}
module.exports=server_16
```

16.4.4　实现效果

标记数据添加的实现效果如图 16.5 所示。

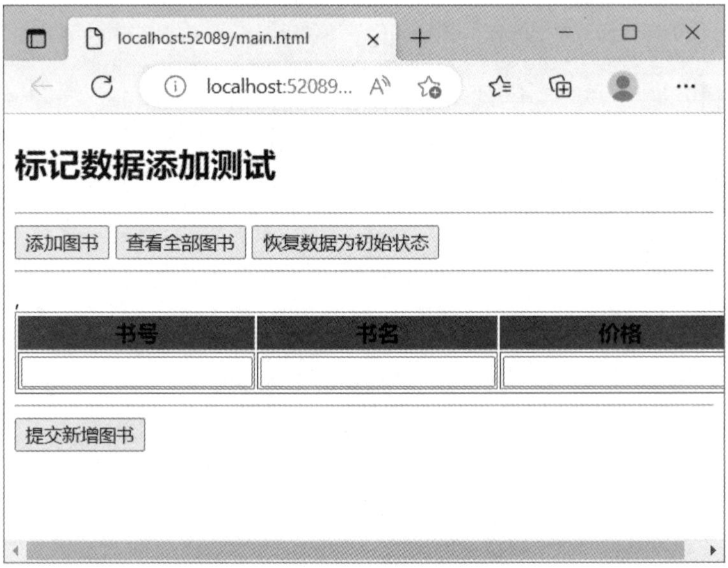

图 16.5　标记数据添加的实现效果

16.5　问题思考

问题提出：添加 XML 节点的技术要点是什么？

问题思考：

（1）改进 XML 文档设计，在 XML 文档中添加特定<tr>标记（包含合理数量的输入接口定义）。

（2）读取特定<tr>标记并在网页中可视化。

（3）在可视化后的用户接口中输入新数据。

（4）提取输入新数据后的<tr>标记对应的 HTML 代码（假设为 newDatatext）。

（5）将 newDatatext 提交到后台。

（6）后台程序将 XML 源文件读取到字符串变量（假设为 XMLtext）中，然后执行替换操作“XMLtext,replace(“</table>”,newDatatext)”。

（7）将执行替换操作后的 XMLtext 写入 XML 源文件中。

16.6　仿真实训

给定如下 XML 文档：

```
<?xml version="1.0" encoding="utf-8"?>
<table border="1" id="books">
    <tr style="background-color:greenyellow">
        <th id="s_id">学号</th>
        <th id="name">姓名</th>
        <th id="age">年龄</th>
    </tr>
<tr id="add_update_XML">
        <td>
            <input type="text"/>
        </td>
        <td>
            <input type="text"/>
        </td>
        <td>
            <input type="text"/>
        </td>
</tr>
    <tr>
        <td>5744885</td>
        <td>Max</td>
        <td>18</td>
    </tr>
    <tr>
        <td>2323885</td>
        <td>Jack</td>
        <td>17</td>
    </tr>
    <tr>
```

```
        <td>8888</td>
        <td>Roseg</td>
        <td>18</td>
    </tr>
    <tr>
        <td>8767885</td>
        <td>Json</td>
        <td>19</td>
    </tr>
    <tr>
        <td>64547565647689</td>
        <td>张三</td>
        <td>16</td>
    </tr>
    <tr>
        <td>45634748758478</td>
        <td>李四</td>
        <td>19</td>
    </tr>
    <tr>
        <td>675665647689</td>
        <td>王五</td>
        <td>18</td>
    </tr>
    <tr>
        <td>2342353758478</td>
        <td>刘六</td>
        <td>20</td>
    </tr>
</table>
```

提出如下设计需求：

（1）设计 NodeJS 后台服务，该服务可在后台实现“添加学生”业务。

（2）基于 AJAX 技术及三层软件架构实现“添加学生”业务。

（3）后台基于 DOM 模型实现 XML 节点添加。

（4）仿真本章案例功能，实现以上设计。

17 第 17 章 更新 XML 节点

17.1 设计需求

给定如下 XML 文档：

```
<?xml version="1.0" encoding="utf-8"?>
<table border="1" id="books">
<tr bgcolor="green">
      <th id="ISBN">书号</th>
      <th id="title">书名</th>
      <th id="price">价格</th>
</tr>
<tr id="add_update_XML">
      <td>
         <input type="text"/>
      </td>
      <td>
         <input type="text"/>
      </td>
      <td>
         <input type="text"/>
      </td>
</tr>
<tr>
      <td>5744885</td>
      <td>Java programming</td>
      <td>80</td>
   </tr>
<tr>
      <td>2323885</td>
      <td>C# programming</td>
      <td>87</td>
</tr>
<tr>
```

```
        <td>8888</td>
        <td>Python programming</td>
        <td>68</td>
</tr>
<tr>
        <td>8767885</td>
        <td>NodeJS</td>
        <td>90</td>
</tr>
<tr>
        <td>r64547565647689</td>
        <td>C++ programming</td>
        <td>68</td>
</tr>
<tr>
        <td>45634748758478</td>
        <td>MongoDB</td>
        <td>90</td>
</tr>
<tr>
        <td>675665647689</td>
        <td>operation system</td>
        <td>68</td>
    </tr>
<tr>
        <td>2342353758478</td>
        <td>XML 技术</td>
        <td>90</td>
</tr>
</table
```

提出如下设计需求：

（1）设计 NodeJS 后台服务，该服务可在后台实现“更新图书”业务。

（2）基于 AJAX 技术及三层软件架构实现“更新图书”业务。

（3）后台基于 DOM 模型实现 XML 节点更新。

17.2 设计分析

17.2.1 功能分析

测试用户期望功能如下：

（1）测试用户可以查看 XML 文档全部原始数据，即查看全部图书。

（2）测试用户可以模糊查询图书。

（3）测试用户可以更新图书。

（4）测试用户可以将图书信息恢复到初始状态。

测试用户用例建模如图 17.1 所示。

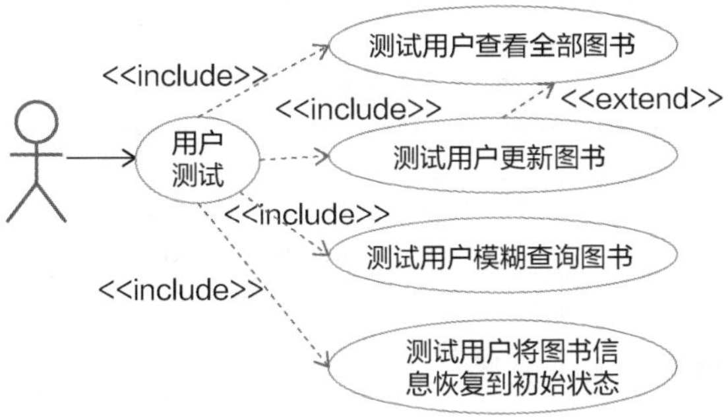

图 17.1　测试用户用例建模

17.2.2　核心业务数据流分析

功能模块中的核心业务是模糊查询图书并定位一条图书记录，更新图书信息并保存。

核心业务流程描述如下：

（1）模糊查询图书并向用户输出表格化数据。

（2）用户选定需要更新的某行图书信息。

（3）用户编辑选定的图书信息。

（4）用户提交新数据及更新前的书号到后台。

（5）根据更新前的书号定位原图书位置并用新数据覆盖旧数据。

（6）保存新数据，覆盖 XML 源文件。

核心业务数据流建模如图 17.2 所示。

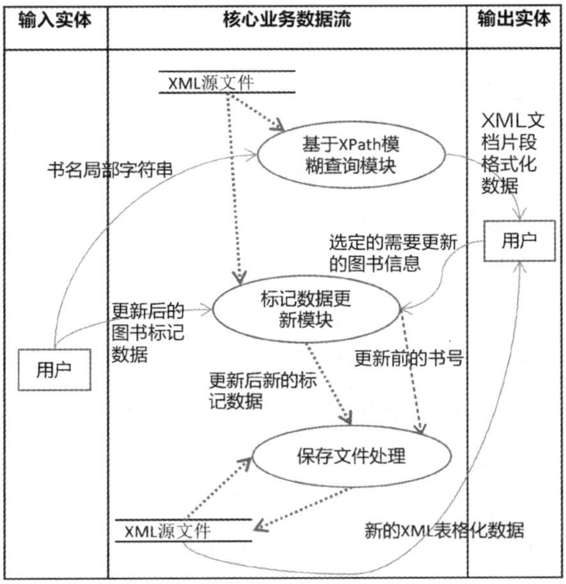

图 17.2　核心业务数据流建模

17.2.3 包及文件设计分析

基于三层软件架构视角的包及文件设计如表 17.1 所示。

表 17.1 包及文件设计

序号	包设计	文件设计
1	设计表示层包（包名为 UI），相当于表示层文件容器	（1）设计用户界面主页文件 main.html。 （2）主页引入 jQuery 框架（jquery-1.11.1.js），辅助表示层处理
2	设计业务逻辑层包（包名为 server），相当于业务逻辑层文件容器	（1）设计通用业务逻辑服务文件 server.js。 （2）设计当前模块专用业务逻辑服务文件 server_17.js。 （3）引入 xmldom 模块（xmldom.js，通过外部安装获得）。 （4）引入 xpath 模块（xpath.js，通过外部安装获得）
3	设计数据层包（包名为 data），相当于数据层文件容器	（1）设计 XML 数据测试文件 books.xml。 （2）设计 XML 数据备份文件 books_bak.xml

包及文件关系建模如图 17.3 所示。

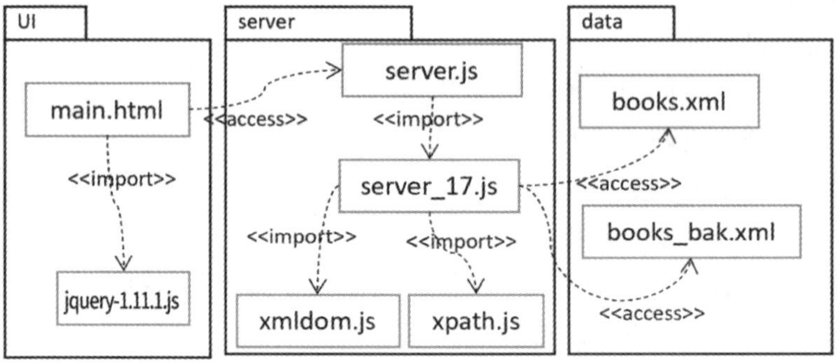

图 17.3 包及文件关系建模

17.2.4 XML 文档创新改进

为了减轻前端设计压力，可以对现有 XML 文档进行创新改进。考虑到更新数据要求必须有数据编辑接口，而编辑接口的数量与 XML 文档中的数据条目数量有关，具体到以上文档，实际编辑接口数量与<td>标记数量应该一致。

基于以上分析，可以事先在以上给定的 XML 文档中增加一行（即增加一个特定<tr>标记）。该特定<tr>标记可以事先嵌入 HTML 代码，目的是让应用程序通过读取这个特定<tr>标记来得到数据编辑界面，以避免前端设计人员再去设计数据编辑界面。

增加的特定<tr>标记设计如下：

```
<tr id="add_update_XML">
        <td>
            <input class="edit_data" style="color:blue" type="text"/>
        </td>
        <td>
```

```
            <input class="edit_data" style="color:blue" type="text"/>
        </td>
        <td>
            <input class="edit_data" style="color:blue" type="text"/>
        </td>
    <td>
        <input type="button" value="提交新数据" onclick="post_new_XMLdata()"/>
        <input type="button" value="取消" onclick="$('tr').hide()"/>
    </td>
        </tr>
```

另外，为了对比新旧数据，可以在这个特定<tr>标记之前再增加一个<tr>标记，用于临时存放待更新的旧数据。

具体创新改进后的 XML 文档如下：

```
<?xml version="1.0" encoding="utf-8"?>
<table border="1" id="books">
<tr bgcolor="green">
        <th id="ISBN">书号</th>
        <th id="title">书名</th>
        <th id="price">价格</th>
</tr>
</tr><tr id="old_data">
</tr>
<tr id="add_update_XML">
    <td>
        <input class="edit_data" style="color:blue" type="text"/>
    </td>
    <td>
        <input class="edit_data" style="color:blue" type="text"/>
    </td>
    <td>
        <input class="edit_data" style="color:blue" type="text"/>
    </td>
<td>
    <input type="button" value="提交新数据" onclick="post_new_XMLdata()"/>
    <input type="button" value="取消" onclick="$('tr').hide()"/>
</td>
</tr>
<tr>
        <td>5744885</td>
        <td>Java programming</td>
        <td>80</td>
    </tr>
<tr>
        <td>2323885</td>
```

```
        <td>C# programming</td>
        <td>87</td>
    </tr>
    <tr>
        <td>8888</td>
        <td>Python programming</td>
        <td>68</td>
    </tr>
    <tr>
        <td>8767885</td>
        <td>NodeJS</td>
        <td>90</td>
    </tr>
    <tr>
        <td>r64547565647689</td>
        <td>C++ programming</td>
        <td>68</td>
    </tr>
    <tr>
        <td>45634748758478</td>
        <td>MongoDB</td>
        <td>90</td>
    </tr>
    <tr>
        <td>675665647689</td>
        <td>operation system</td>
        <td>68</td>
      </tr>
    <tr>
        <td>2342353758478</td>
        <td>XML 技术</td>
        <td>90</td>
    </tr>
    </table>
```

由于 id="add_update_XML"的<tr>标记已事先设定在 XML 文档中，因此可以将其从后台读取到前端并在网页中可视化。该<tr>标记中定义的用户输入接口，既可以用于添加数据，也可以用于修改数据。

17.3 文件架构

基于以上分析，本案例的文件架构如图 17.4 所示。

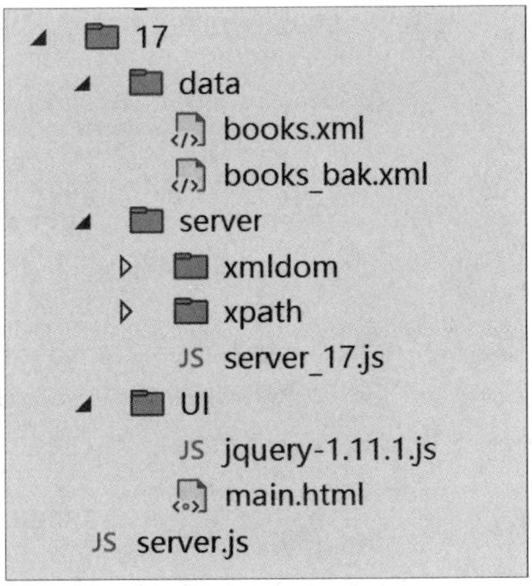

图 17.4　文件架构

文件（夹）功能说明如表 17.2 所示。

表 17.2　文件（夹）功能说明

序号	文件（夹）名	功能说明
1	books.xml	存放用于测试的 XML 基础数据
2	server.js	NodeJS 后台通用业务逻辑服务程序（后台主服务程序），动态引入 server_17.js 模块
3	server_17.js	当前模块专用业务逻辑服务程序（后台子服务程序）
4	jquery-1.11.1.js	加载 jQuery 函数库
5	main.html	实现人机交互的用户界面主页
6	data	存放 XML 数据文件
7	server	存放业务逻辑层文件
8	UI	存放表示层文件
9	xmldom	安装 xmldom 模块产生的文件夹
10	xpath	安装 xpath 模块产生的文件夹
11	books_bak.xml	存放 books.xml 文件的备份数据
12	17	存放文件夹 data、server、UI

说明：为了让通用业务逻辑服务多个项目，将 server.js 文件放置在上述所有文件夹外围。

17.4　代码实现

17.4.1　主页实现

主页文件 main.html 实现代码如下：

```
<!DOCTYPE html>
<html lang="en" xmlns="http://www.w3.org/1999/xhtml">
```

```
    <head>
        <meta charset="utf-8" />
        <title></title>
    </head>
    <body>
        <h2>标记数据更新测试</h2>
        <hr />
        请输入书名(不输入可查全部)<input type="text" id="title_input" />
        <input type="button" value="模糊查询图书" onclick="select_TagData()" />
        <hr style="margin-top:0;margin-bottom:0" />
        <input type="button" value="恢复数据为初始状态" onclick="restore_TagData()" />
        <hr style="margin-top:0;margin-bottom:0"  />
        <div id="outer_div">
        </div>
    </body>
    </html>
    <script type="text/javascript" src="jquery-1.11.1.js"></script>
    <script type="text/javascript">

        //基于 XPath 的标记数据模糊查询
        function select_TagData() {
            var book_name = $("#title_input").val();
            var xhttp = new XMLHttpRequest();
            xhttp.open("post", "http://localhost:1017/mhFind_17?param=" +
encodeURIComponent(book_name), true);
            xhttp.onreadystatechange = function () {
                if (xhttp.status == 200 && xhttp.readyState == 4) {
                    $("#outer_div").html("<table border='1'>" + xhttp.responseText
+ "</table>");
                    $("#old_data").hide();
                    $("#add_update_XML").hide();
                    var trs = $("tr");
                    for (var k = 3; k < trs.length; k++) {
                        trs[k].innerHTML = trs[k].innerHTML + '<td><input
type="button" value="更新" onclick="init_update(this)" /></td>';
                    }
                }
            }
            xhttp.send();
        }

        //初始化更新
        function init_update(cur_obj) {
            var update_inputs = $("#add_update_XML").find("input");
```

```
            var cur_tr_obj = $(cur_obj).parent().parent();
            var cur_tds = cur_tr_obj.find("td");
            for (var k = 0; k < cur_tds.length - 1; k++) {
                document.getElementById("old_data").innerHTML += cur_tds[k].
outerHTML;
                update_inputs[k].value = cur_tds[k].innerHTML;
            }
            document.getElementById("old_data").innerHTML += "原有图书信息";
            $("tr").hide();
            $("#table_head").show(); $("#old_data").show(); $("#add_update_XML").
show();
        }

        //提交新数据
        function post_new_XMLdata() {
            if (edited()) {
                var update_inputs = $("#add_update_XML").find("input.
edit_data");
                var count = update_inputs.length;
                var new_dataTr = "\n<tr>\n";
                for (var k = 0; k < count; k++) {
                    new_dataTr += "<td>" + $(update_inputs[k]).val() + "</td>\n";
                }
                new_dataTr += "</tr>";
                //提交新数据到后台
                var old_isbn = $("#old_data").find("td")[0].innerHTML;
                alert(old_isbn);
                var xhttp = new XMLHttpRequest();
                xhttp.open("post",
"http://localhost:1017/postUpdate_17?param1=" + encodeURIComponent(old_isbn)
+ "&param2=" + encodeURIComponent(new_dataTr), true);
                xhttp.onreadystatechange = function () {
                    if (xhttp.status == 200 && xhttp.readyState == 4) {
                        alert(xhttp.responseText);
                    }
                }
                xhttp.send();
            }
            else { alert("数据未做任何更新，无须提交到后台！"); }
        }

        //判断数据是否已编辑
        function edited() {
            var update_inputs = $("#add_update_XML").find("input.edit_data");
```

```
            var old_td = $("#old_data").find("td");
            var re_value = false;
            for (var k = 0; k < update_inputs.length; k++) {
                if ($(update_inputs[k]).val() != old_td[k].innerHTML)
{ re_value = true; }
            }
            return re_value;
        }

        //恢复数据为初始状态
        function restore_TagData() {
            if (confirm("确定要将数据恢复到最初状态?")) {
                var xhttp = new XMLHttpRequest();
                xhttp.open("post", "http://localhost:1017/restoreData_17",
true);
                xhttp.onreadystatechange = function () {
                    if (xhttp.status == 200 && xhttp.readyState == 4) {
                        alert(xhttp.responseText);
                    }
                }
                xhttp.send();
            }
        }
    </script>
```

17.4.2 后台主服务程序实现

后台主服务程序 server.js 实现代码如下：

```
    const http_obj = require("http");//用于产生服务对象
    const fs_obj = require("fs");//读写后台文件
    const url_tran_obj = require("url");//解释 URL

    const server = http_obj.createServer(function (request, response) {
        //请求路径处理
        var req_str = decodeURI(request.url);
        var req_head;
        var POS = req_str.indexOf("?");
        if (POS == -1) { req_head = req_str; }
        else { req_head = req_str.substring(0, POS); }
        //设置查询对象
        var url_obj = url_tran_obj.parse(req_str, true);
        var Q_obj = url_obj.query;
        //设置响应头
```

```
        response.setHeader("Content-Type", "text/plain;charset=utf-8");
        response.setHeader("Access-Control-Allow-Origin", "*");//实现跨域访问
        response.writeHead(200);

        //引用并初始化所有服务对象
        require("./17/server/server_17.js")(request, response, req_head,
Q_obj, fs_obj);
    });
    server.listen(1017);
    console.log("Server is running at port 1017...");
```

17.4.3　后台子服务程序实现

后台子服务程序 server_17.js 实现代码如下：

```
    function server_17(request, response, req_head, Q_obj, fs_obj) {
          //%%%%%%%%%%%%%----------------代码开始
          if (req_head == "/mhFind_17") {
          //模糊查询
           var b_title = Q_obj["param"];
              var b_xpath = "/table/tr[position()<4] | /table/tr[contains
(td[2],'" + b_title +"')]";
           var select = require("./xpath");//获取查询函数
              var dom = require("./xmldom").DOMParser;//获取 DOMParser 类
           fs_obj.readFile("./17/data/books.xml", "utf-8", function (err,
data) {
                if (err) { response.end(err); }
                else {
                    var xmldom = new dom().parseFromString(data);
                    var nodes = select(xmldom, b_xpath);
                    if (nodes.length == 2) { response.end("未找到相关数据！"); }
                    else { response.end(nodes.toString()); }
                }
           });
              return;
        }
        //以下更新 XML 文档
        if (req_head == "/postUpdate_17") {
            var old_isbn = Q_obj["param1"];
            var new_data = Q_obj["param2"];
            fs_obj.readFile("./17/data/books.xml", "utf-8", function (err,
data) {
                if (err) { response.end(err); }
                else {
```

```
                var dom = require("./xmldom").DOMParser;
                var XMLdom = new dom().parseFromString(data);
                var tr_doms = XMLdom.getElementsByTagName("tr");//找到所有 tr
                var rec_order=-1;
                for (var k = 3; k < tr_doms.length; k++) {
                    var temp_isbn = tr_doms[k].getElementsByTagName
("td")[0].textContent;
                    if (temp_isbn == old_isbn) { rec_order = k; break; }
                }
                if (rec_order > 2) {
                    //tr 对象替换
                    tr_doms[rec_order] = new dom().parseFromString(new_data);
                    var  new_XMLtext  =  '<?xml  version="1.0"  encoding="utf-
8"?>\n';
                    new_XMLtext += '<table border="1" id="books">\n';
                    new_XMLtext += tr_doms.toString() + "\n</table>";
                    fs_obj.writeFile("./17/data/books.xml",
new_XMLtext ,"utf-8", function (err) {
                        if (err) { response.end(err); }
                        else { response.end("成功更新数据"); }
                    });
                } else { response.end("当前数据可能已被其他用户修改,更新失败!"); }
            }
        });
        return;
    }
    if (req_head == "/restoreData_17") {
        fs_obj.readFile("./17/data/books_bak.xml", "utf-8", function (err,
data) {
            if (err) { response.end(err.toString()); }
            else {
                fs_obj.writeFile("./17/data/books.xml",   data,    function
(err) {
                    if (err) { response.end(err.toString()); }
                    else { response.end("成功恢复数据"); }
                });
            }
        });
        return;
    }
    //%%%%%%%%%%%%---------------代码结束
}
module.exports=server_17
```

17.4.4　实现效果

数据更新前的实现效果如图 17.5 所示。

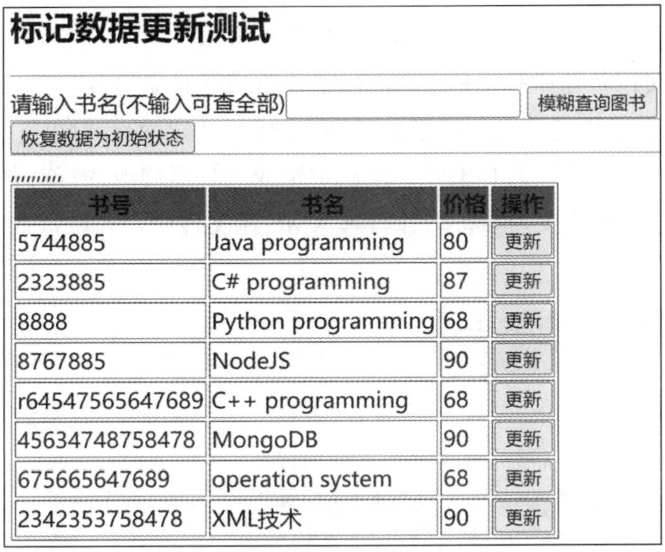

图 17.5　数据更新前的实现效果

数据更新进行中的实现效果如图 17.6 所示。

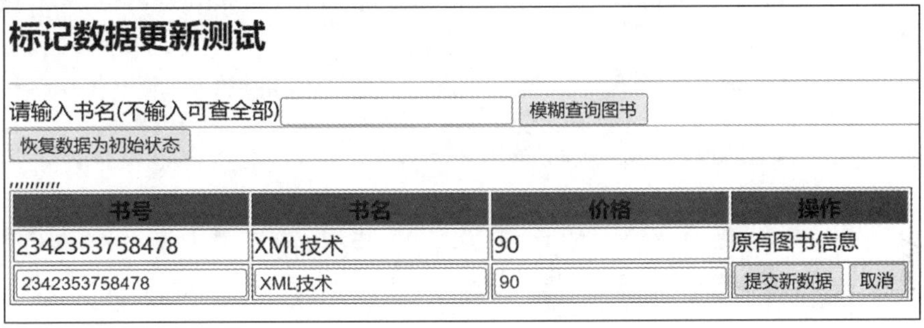

图 17.6　数据更新进行中的实现效果

17.5　问题思考

问题提出：更新 XML 节点的技术要点是什么？

问题思考：

（1）改进 XML 文档设计，在 XML 文档中添加特定<tr>标记（包含合理数量的编辑接口定义）。

（2）读取特定<tr>标记并在网页中可视化。

（3）在可视化后的用户接口中更新选定数据。

（4）提取更新选定数据后的<tr>标记对应的 HTML 代码（假设为 newDatatext）。

（5）将 newDatatext 及搜索关键字提交到后台。

（6）后台程序将 XML 源文件转换成 XML 文档对象。

（7）从 XML 文档对象中找出所有<tr>标记并生成行对象集合。

（8）后台根据前端传递过来的搜索关键字定位到要修改的行对象。

（9）将 newDatatext 转换为对象并替换已定位成功且需修改的行对象。

（10）将新的行对象转换为字符串并写入 XML 源文件中。

17.6 仿真实训

给定如下 XML 文档：

```
<?xml version="1.0" encoding="utf-8"?>
<table border="1" id="books">
    <tr style="background-color:greenyellow">
        <th id="s_id">学号</th>
        <th id="name">姓名</th>
        <th id="age">年龄</th>
    </tr>
    <tr id="add_update_XML">
            <td>
                <input type="text"/>
            </td>
            <td>
                <input type="text"/>
            </td>
            <td>
                <input type="text"/>
            </td>
    </tr>
    <tr>
        <td>5744885</td>
        <td>Max</td>
        <td>18</td>
    </tr>
    <tr>
        <td>2323885</td>
        <td>Jack</td>
        <td>17</td>
    </tr>
```

```
    <tr>
        <td>8888</td>
        <td>Roseg</td>
        <td>18</td>
    </tr>
    <tr>
        <td>8767885</td>
        <td>Json</td>
        <td>19</td>
    </tr>
    <tr>
        <td>64547565647689</td>
        <td>张三</td>
        <td>16</td>
    </tr>
    <tr>
        <td>45634748758478</td>
        <td>李四</td>
        <td>19</td>
    </tr>
    <tr>
        <td>675665647689</td>
        <td>王五</td>
        <td>18</td>
    </tr>
    <tr>
        <td>2342353758478</td>
        <td>刘六</td>
        <td>20</td>
    </tr>
</table>
```

提出如下设计需求：

（1）设计 NodeJS 后台服务，该服务可在后台实现“更新学生”业务。

（2）基于 AJAX 技术及三层软件架构实现“更新学生”业务。

（3）后台基于 DOM 模型实现 XML 节点更新。

（4）仿真本章案例功能，实现以上设计。

18 第 18 章 删除 XML 节点

18.1 设计需求

给定如下 XML 文档：

```
<?xml version="1.0" encoding="utf-8"?>
<table border="1" id="books">
<tr bgcolor="green">
      <th id="ISBN">书号</th>
      <th id="title">书名</th>
      <th id="price">价格</th>
</tr>
   <tr id="add_update_XML">
         <td>
            <input type="text"/>
         </td>
         <td>
         <input type="text"/>
         </td>
         <td>
            <input type="text"/>
         </td>
   </tr>
<tr>
      <td>5744885</td>
      <td>Java programming</td>
      <td>80</td>
   </tr>
<tr>
      <td>2323885</td>
      <td>C# programming</td>
      <td>87</td>
```

```
</tr>
<tr>
        <td>8888</td>
        <td>Python programming</td>
        <td>68</td>
</tr>
<tr>
        <td>8767885</td>
        <td>NodeJS</td>
        <td>90</td>
</tr>
<tr>
        <td>r64547565647689</td>
        <td>C++ programming</td>
        <td>68</td>
</tr>
<tr>
        <td>45634748758478</td>
        <td>MongoDB</td>
        <td>90</td>
</tr>
<tr>
        <td>675665647689</td>
        <td>operation system</td>
        <td>68</td>
    </tr>
<tr>
        <td>2342353758478</td>
        <td>XML 技术</td>
        <td>90</td>
</tr>
</table
```

提出如下设计需求：

（1）设计 NodeJS 后台服务，该服务可在后台实现“删除图书”业务。

（2）基于 AJAX 技术及三层软件架构实现“删除图书”业务。

（3）后台基于 DOM 模型实现 XML 节点删除。

18.2　设计分析

18.2.1　功能分析

测试用户期望功能如下：

（1）测试用户可以查看 XML 文档全部原始数据，即查看全部图书。

（2）测试用户可以删除特定图书。

（3）测试用户可以将图书信息恢复到初始状态。

测试用户用例建模如图 18.1 所示。

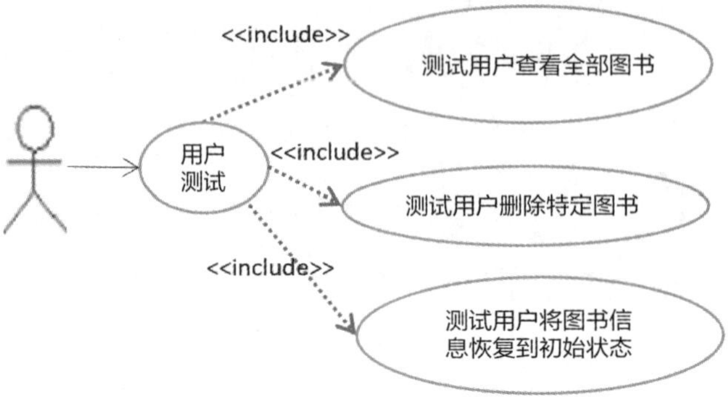

图 18.1　测试用户用例建模

18.2.2　核心业务数据流分析

功能模块中的核心业务是删除特定图书并保存。

核心业务流程描述如下：

（1）用户使用模糊查询方法查询到特定图书信息。

（2）用户在模糊查询结果中选取特定图书并确认删除。

（3）将执行删除操作后的内存数据改写到 XML 源文件中。

（4）查看删除后的 XML 源文件格式化数据。

核心业务数据流建模如图 18.2 所示。

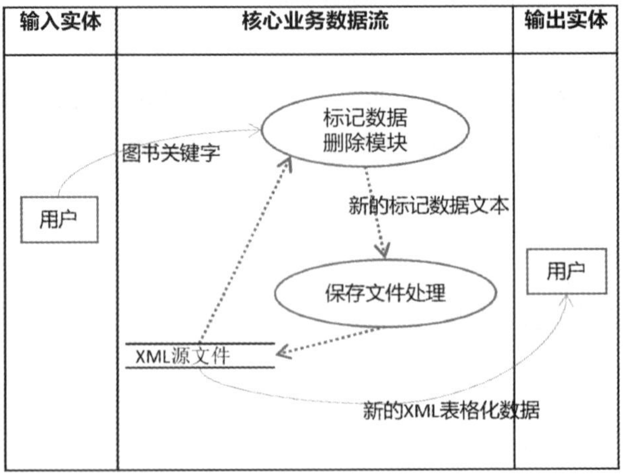

图 18.2　核心业务数据流建模

18.2.3　包及文件设计分析

基于三层软件架构视角的包及文件设计如表 18.1 所示。

表 18.1　包及文件设计

序号	包设计	文件设计
1	设计表示层包（包名为 UI），相当于表示层文件容器	（1）设计用户界面主页文件 main.html。 （2）主页引入 jQuery 框架（jquery-1.11.1.js），辅助表示层处理
2	设计业务逻辑层包（包名为 server），相当于业务逻辑层文件容器	（1）设计通用业务逻辑服务文件 server.js。 （2）设计当前模块专用业务逻辑服务文件 server_18.js。 （3）引入 xmldom 模块（xmldom.js，通过外部安装获得）。 （4）引入 xpath 模块（xpath.js，通过外部安装获得）
3	设计数据层包（包名为 data），相当于数据层文件容器	（1）设计 XML 数据测试文件 books.xml。 （2）设计 XML 数据备份文件 books_bak.xml

包及文件关系建模如图 18.3 所示。

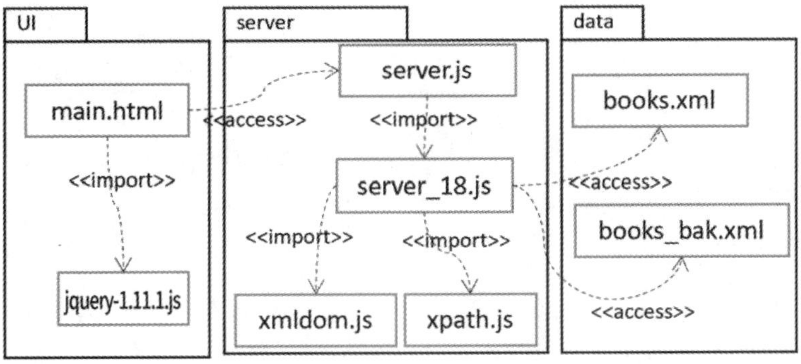

图 18.3　包及文件关系建模

18.2.4　XML 文档创新改进

由于基于 XML 数据的操作往往集成在一起，因此 XML 文档的设计与创新改进应与前面章节一样。

具体创新改进后的 XML 文档如下：

```
<?xml version="1.0" encoding="utf-8"?>
<table border="1" id="books">
<tr bgcolor="green">
        <th id="ISBN">书号</th>
        <th id="title">书名</th>
        <th id="price">价格</th>
</tr>
</tr><tr id="old_data">
</tr>
<tr id="add_update_XML">
```

```
        <td>
            <input class="edit_data" style="color:blue" type="text"/>
        </td>
        <td>
            <input class="edit_data" style="color:blue" type="text"/>
        </td>
        <td>
            <input class="edit_data" style="color:blue" type="text"/>
        </td>
    <td>
        <input type="button" value="提交新数据" onclick="post_new_XMLdata()"/>
        <input type="button" value="取消" onclick="$('tr').hide()"/>
    </td>
    </tr>
    <tr>
            <td>5744885</td>
            <td>Java programming</td>
            <td>80</td>
        </tr>
    <tr>
            <td>2323885</td>
            <td>C# programming</td>
            <td>87</td>
    </tr>
    <tr>
            <td>8888</td>
            <td>Python programming</td>
            <td>68</td>
    </tr>
    <tr>
            <td>8767885</td>
            <td>NodeJS</td>
            <td>90</td>
    </tr>
    <tr>
            <td>r64547565647689</td>
            <td>C++ programming</td>
            <td>68</td>
    </tr>
    <tr>
            <td>45634748758478</td>
            <td>MongoDB</td>
            <td>90</td>
    </tr>
```

```
<tr>
        <td>675665647689</td>
        <td>operation system</td>
        <td>68</td>
    </tr>
<tr>
        <td>2342353758478</td>
        <td>XML 技术</td>
        <td>90</td>
</tr>
</table>
```

由于 id="add_update_XML"的<tr>标记已事先设定在 XML 文档中，因此可以将其从后台读取到前端并在网页中可视化。该<tr>标记中定义的用户输入接口，既可以用于添加数据，也可以用于修改数据。

18.3　文件架构

基于以上分析，本案例的文件架构如图 18.4 所示。

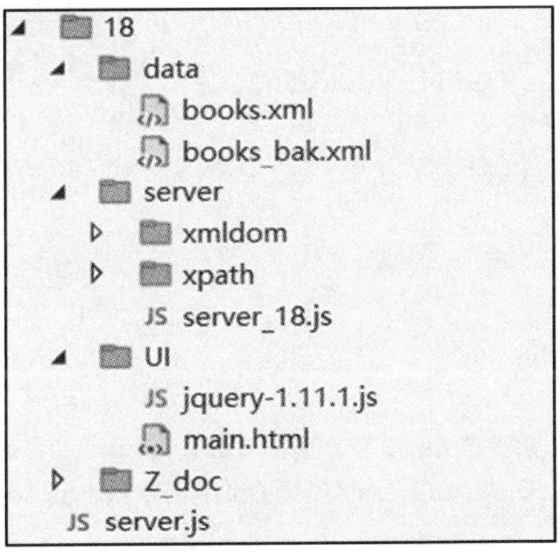

图 18.4　文件架构

文件（夹）功能说明如表 18.2 所示。

表 18.2　文件（夹）功能说明

序号	文件（夹）名	功能说明
1	books.xml	存放用于测试的 XML 基础数据
2	server.js	NodeJS 后台通用业务逻辑服务程序（后台主服务程序），动态引入 server_18.js 模块
3	server_18.js	当前模块专用业务逻辑服务程序（后台子服务程序）
4	jquery-1.11.1.js	加载 jQuery 函数库

续表

序号	文件（夹）名	功能说明
5	main.html	实现人机交互的用户界面主页
6	data	存放 XML 数据文件
7	server	存放业务逻辑层文件
8	UI	存放表示层文件
9	xmldom	安装 xmldom 模块产生的文件夹
10	xpath	安装 xpath 模块产生的文件夹
11	Z_doc	辅助文档，不参与项目运行
12	books_bak.xml	books.xml 文件的备份数据
13	18	存放文件夹 data、server、UI、Z_doc

说明：为了让通用业务逻辑服务多个项目，将 server.js 文件放置在上述所有文件夹外围。

18.4 代码实现

18.4.1 主页实现

主页文件 main.html 实现代码如下：

```
<!DOCTYPE html>
<html lang="en" xmlns="http://www.w3.org/1999/xhtml">
<head>
    <meta charset="utf-8" />
    <title></title>
</head>
<body>
    <h2>标记数据删除测试</h2>
    <hr />
    请输入书名<input type="text" id="title_input" />
    <input type="button" value="模糊查询图书" onclick="select_TagData()" />
    <hr />
    <input type="button" value="恢复数据为初始状态" onclick="restore_TagData()" />
    <hr />
    <div id="outer_div">

    </div>
</body>
</html>
<script type="text/javascript" src="jquery-1.11.1.js"></script>
<script type="text/javascript">

    //基于 XPath 的标记数据模糊查询
```

```
        function select_TagData() {
            var book_name = $("#title_input").val();
            var xhttp = new XMLHttpRequest();
            xhttp.open("post", "http://localhost:1017/mhFind_18?param=" +
encodeURIComponent(book_name), true);
            xhttp.onreadystatechange = function () {
                if (xhttp.status == 200 && xhttp.readyState == 4) {
                    $("#outer_div").html("<table border='1'>" + xhttp.
responseText + "</table>");
                    $("#old_data").hide();
                    $("#add_update_XML").hide();
                    var trs = $("tr");
                    for (var k = 3; k < trs.length; k++) {
                        trs[k].innerHTML = trs[k].innerHTML + '<td><input
type="button" value="删除" onclick="exe_delete(this)" /></td>';
                    }
                }
            }
            xhttp.send();
        }

        //执行删除操作
        function exe_delete(obj) {
             //获取关键字
            var cur_tr = $(obj).parent().parent();
            var key_isbn = cur_tr.find("td")[0].innerHTML;
            if (confirm("确认要删除书号为" + key_isbn+"的图书信息吗？")) {
                //提交关键字到后台
                var xhttp = new XMLHttpRequest();
                xhttp.open("post", "http://localhost:1017/postDelete_18?
param1=" + encodeURIComponent(key_isbn), true);
                xhttp.onreadystatechange = function () {
                    if (xhttp.status == 200 && xhttp.readyState == 4) {
                        alert(xhttp.responseText);
                    }
                }
                xhttp.send();
            }
        }
        //恢复数据为初始状态
        function restore_TagData() {
            if (confirm("确定要将数据恢复到最初状态吗?")) {
                var xhttp = new XMLHttpRequest();
                xhttp.open("post", "http://localhost:1017/restoreData_18", true);
```

```
            xhttp.onreadystatechange = function () {
                if (xhttp.status == 200 && xhttp.readyState == 4) {
                    alert(xhttp.responseText);
                }
            }
            xhttp.send();
        }
    }
</script>
```

18.4.2 后台主服务程序实现

后台主服务程序 server.js 实现代码如下：

```
//JavaScript 源码
//----------请将这个文件保存为 Unicode 格式，否则会很麻烦-------------
const http_obj = require("http");//用于产生服务对象
const fs_obj = require("fs");//读写后台文件
const url_tran_obj = require("url");//解释 URL

const server = http_obj.createServer(function (request, response) {
    //请求路径处理
    var req_str = decodeURI(request.url);
    var req_head;
    var POS = req_str.indexOf("?");
    if (POS == -1) { req_head = req_str; }
    else { req_head = req_str.substring(0, POS); }
    //设置查询对象
    var url_obj = url_tran_obj.parse(req_str, true);
    var Q_obj = url_obj.query;
    //设置响应头
    response.setHeader("Content-Type", "text/plain;charset=utf-8");
    response.setHeader("Access-Control-Allow-Origin", "*");//实现跨域访问
    response.writeHead(200);

    //引用并初始化所有服务对象
    require("./18/server/server_18.js")(request, response, req_head, Q_obj,
fs_obj);
});
server.listen(1017);
console.log("Server is running at port 1017...");
```

18.4.3 后台子服务程序实现

后台子服务程序 server_18.js 实现代码如下：

```
    function server_18(request, response, req_head, Q_obj, fs_obj) {
        //%%%%%%%%%%%%%---------------代码开始
        if (req_head == "/mhFind_18") {
            //模糊查询
            var b_title = Q_obj["param"];
            var b_xpath = "/table/tr[position()<4] | /table/tr[contains
(td[2],'" + b_title + "')]";
            var select = require("./xpath");//获取查询函数
            var dom = require("./xmldom").DOMParser;//获取 DOMParser 类
            fs_obj.readFile("./18/data/books.xml", "utf-8", function (err,
data) {
                if (err) { response.end(err); }
                else {
                    var xmldom = new dom().parseFromString(data);
                    var nodes = select(xmldom, b_xpath);
                    if (nodes.length < 4) { response.end("未找到相关数据！"); }
                    else { response.end(nodes.toString()); }
                }
            });
            return;
        }
        //以下删除 XML 文档片段
        if (req_head == "/postDelete_18") {
            var old_isbn = Q_obj["param1"];
            fs_obj.readFile("./18/data/books.xml", "utf-8", function (err,
data) {
                if (err) { response.end(err); }
                else {
                    var dom = require("./xmldom").DOMParser;
                    var XMLdom = new dom().parseFromString(data);
                    var tr_doms = XMLdom.getElementsByTagName("tr");
                    for (var k = 2; k < tr_doms.length; k++) {
                        var temp_isbn = tr_doms[k].getElementsByTagName
("td")[0].textContent;
                        if (temp_isbn == old_isbn) {
                                tr_doms[k].parentNode.removeChild(tr_doms[k]);
                                var new_XMLtext = '<?xml version="1.0" encoding=
"utf-8"?>\n';
                                new_XMLtext += '<table border="1" id="books">\n';
                                new_XMLtext += tr_doms.toString() + "\n</table>";
                                fs_obj.writeFile("./18/data/books.xml",
new_XMLtext, function (err) {
                                    if (err) { response.end(err); }
                                    else { response.end("成功删除数据"); }
                                });
```

```
                        break;
                    }
                }
            }
        });
        return;
    }
    if (req_head == "/restoreData_18") {
        fs_obj.readFile("./18/data/books_bak.xml", "utf-8", function (err,
data) {
            if (err) { response.end(err.toString()); }
            else {
                fs_obj.writeFile("./18/data/books.xml", data, function (err) {
                    if (err) { response.end(err.toString()); }
                    else { response.end("成功恢复数据"); }
                });
            }
        });
        return;
    }
    //%%%%%%%%%%%%----------------代码结束
}
module.exports=server_18
```

18.4.4 实现效果

数据删除前的实现效果如图 18.5 所示。

图 18.5 数据删除前的实现效果

数据删除进行中的实现效果如图 18.6 所示。

图 18.6　数据删除进行中的实现效果

18.5　问题思考

问题提出：删除 XML 节点的技术要点是什么？

问题思考：

（1）读取特定<tr>标记并在网页中可视化。

（2）在可视化后的用户接口中选定要删除的数据。

（3）在删除前，弹出安全提示，避免误删除。

（4）将关键字提交到后台。

（5）后台程序将 XML 源文件转换成 XML 文档对象。

（6）从 XML 文档对象中找出所有<tr>标记并生成行对象集合。

（7）后台根据前端传递过来的搜索关键字定位到要删除的行对象。

（8）在行对象集合中删除已定位的行对象。

（9）将新的行对象转换为字符串并写入 XML 源文件中。

18.6　仿真实训

给定如下 XML 文档：

```
<?xml version="1.0" encoding="utf-8"?>
<table border="1" id="books">
    <tr style="background-color:greenyellow">
        <th id="s_id">学号</th>
        <th id="name">姓名</th>
        <th id="age">年龄</th>
    </tr>
    <tr id="add_update_XML">
            <td>
                <input type="text"/>
            </td>
            <td>
                <input type="text"/>
            </td>
            <td>
                <input type="text"/>
            </td>
    </tr>
    <tr>
        <td>5744885</td>
        <td>Max</td>
        <td>18</td>
    </tr>
    <tr>
        <td>2323885</td>
        <td>Jack</td>
        <td>17</td>
    </tr>
    <tr>
        <td>8888</td>
        <td>Roseg</td>
        <td>18</td>
    </tr>
    <tr>
        <td>8767885</td>
        <td>Json</td>
        <td>19</td>
    </tr>
    <tr>
        <td>64547565647689</td>
        <td>张三</td>
        <td>16</td>
    </tr>
    <tr>
```

```
        <td>45634748758478</td>
        <td>李四</td>
        <td>19</td>
    </tr>
    <tr>
        <td>675665647689</td>
        <td>王五</td>
        <td>18</td>
    </tr>
    <tr>
        <td>2342353758478</td>
        <td>刘六</td>
        <td>20</td>
    </tr>
</table>
```

提出如下设计需求：

（1）设计 NodeJS 后台服务，该服务可在后台实现“删除学生”业务。

（2）基于 AJAX 技术及三层软件架构实现“删除学生”业务。

（3）后台基于 DOM 模型实现 XML 节点删除。

（4）仿真本章案例功能，实现以上设计。

参考文献

[1] DENNIS A , WIXOM B H , ROTH R M .Systems Analysis Design / A. Dennis, B.H. Wixom, R.M. Roth[J].[2025-04-09].

[2] Control class. http://baike.baidu.com/view/1545941.htm [EB/OL].

[3] BOOCH G , RUMBAUGH J , JACOBSON I .The Unified Modeling Language User Guide[J].J. Database Manag. 1998,10:51-52.

[4] Three-tier architecture, http://en.wikipedia.org/wiki/Multitier_architecture#cite_note-2.

[5] SOMMERVILLE I .Software engineering (6th edition)[J].It Professional, 2001, 8(2):57.

[6] 孙步鲜，何月顺，吴志霞，等. 基于.net 三层架构的印刷业网上报价系统的实现 [J]. 电脑知识与技术，2008，（22）：599-600.

[7] YU-HONG L , QIB Z. Design and Implementation of Online Contributions Management System Based on Three-tier Structure of. net Technology[J]. Journal of Nanchang University(Natural Science), 2008.

[8] 孙亚琴，唐卫，陈锁忠，等. 基于三层 C/S 结构的城市地质环境信息系统[J]. 计算机工程，2006，（21）：261-263.

[9] 周端阳，王猛. 基于三层体系结构的单元测试框架研究与实现[J]. 计算机应用，2010，30（08）：2189-2192.